中国人民警察大学中青年教师科研创新计划课题《油罐火环境下邻近油罐冷却水强度模拟和试验研究》（编号:ZQN2021016）

邻近油罐冷却水强度模拟与试验

郭欣 著

天津大学出版社
TIANJIN UNIVERSITY PRESS

图书在版编目(CIP)数据

邻近油罐冷却水强度模拟与试验 / 郭欣著. --
天津：天津大学出版社，2023.5
中国人民警察大学中青年教师科研创新计划课题《油罐火环境下邻近油罐冷却水强度模拟和试验研究》（编号:ZQN2021016）
ISBN 978-7-5618-7442-4

Ⅰ.①邻… Ⅱ.①郭… Ⅲ.①油罐－火灾－热辐射－冷却Ⅳ.①TE88②TE972

中国国家版本馆CIP数据核字(2023)第063484号

出版发行 天津大学出版社
地　　址 天津市卫津路92号天津大学内(邮编:300072)
电　　话 发行部：022-27403647
网　　址 www.tjupress.com.cn
印　　刷 北京虎彩文化传播有限公司
经　　销 全国各地新华书店
开　　本 787mm×1092mm　1/16
印　　张 6.375
字　　数 151千
版　　次 2023年5月第1版
印　　次 2023年5月第1次
定　　价 48.00元

目　　录

第 1 章　绪论

1.1　油罐火及其危害

石油工业是我国国民经济的支柱产业，石油是现代工业社会最重要的生产、生活原料，关系到国计民生和国家的安全稳定。现代人类的日常经济生活都与石油及其制品息息相关，石油作为一种重要的战略资源，对国家经济和社会发展以及国防安全有着不可替代的作用。我国是世界上石油消费量增长最快的国家，是仅次于美国的世界第二大石油消费国和进口国。近年来，我国石油和原油的净进口量和对外依存度也呈快速增长趋势。2005—2015 年中国原油表观消费量、产量和进口量如图 1.1 所示。由图可知，2005—2015 年，我国石油消费量年均递增幅度为 7.5%。

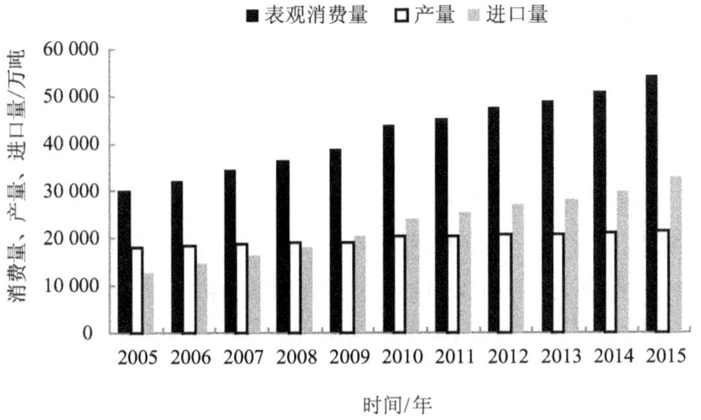

图 1.1　2005—2015 年中国原油表观消费量、产量和进口量

大量石油和原油的进口以及石油储备库的集约化促使我国石油罐区总储量及单个储罐容量向大型化方向发展。美国、德国等主要发达国家石油战略储备基地中的储罐容量大都在 10 万立方米以上。目前，我国容量达 10 万立方米的大型储罐多达上百座，容量达 15 万立方米的油罐也屡见不鲜。随着石油储罐和大型油罐区数量的日趋增多，单个储罐的体积以及油罐区的规模不断发展，大型油罐区火灾的危害性也大大增加，油罐区成为典型的重大工业危险源。油罐区一旦发生火灾，将造成人员的重大伤亡，给国家和企业带来不可估量的重大经济损失。近 30 年间，国内外油罐区共发生重大火灾事故 242 起，具体见表 1.1。

表 1.1 近 30 年间国内外油罐区重大火灾事故统计

时间	地区	储罐	火灾损失情况
1988 年 10 月 25 日	新加坡炼油公司	石脑油外浮顶储罐	25 人受伤，其中 5 人重伤，直接经济损失达 2 000 万美元
1989 年 8 月 12 日	中国黄岛油库	油库	烧毁油罐 5 座，原油 36 000 t，毁坏民房约 4 000 m^2，伤亡 100 多人，直接经济损失近亿元
1989 年 10 月	美国休斯敦化工总厂	高密度聚乙烯装置	23 人死亡，直接经济损失 7.5 亿美元
1997 年	中国北京东方化工厂	油罐	9 人死亡，39 人受伤，整个罐区全部毁坏，直接经济损失 1.17 亿元
2005 年 12 月 11 日	英国邦斯菲尔德	油库	大量建筑物烧毁，直接经济损失达 2.5 亿英镑
2010 年 1 月 7 日	中国兰州石化公司某罐区	轻烃储罐	6 人死亡，15 人受伤
2010 年 7 月 16 日	中国大连新港码头油库	原油储备库	基础设施设备烧毁，1 500 t 原油泄漏，430 km^2 海域受到污染，1 人死亡，1 人失踪，2 人受伤，直接经济损失 2.23 亿元

大型油罐区火灾事故是油罐区最具灾难性的火灾事故。油罐着火后，火焰热辐射极易引燃邻近油罐，从而造成整个罐区大面积起火，一旦发生多储罐火灾，将导致控制和扑救火灾的难度加大，火灾后果严重。

1.2 油罐冷却作用

油罐一旦发生火灾，不仅燃烧持续时间长，且易导致爆炸、沸溢、罐体破损等重大事故。大型油罐火灾火焰燃烧速度快，油品的燃烧热值高，燃烧时还伴有沸腾喷溅及扩散蔓延等现象，热辐射是油罐火灾造成人员伤亡及财产损失的主要原因之一，燃烧释放出的大量辐射热对周围油罐和设施危害极大。同时，热辐射还可能影响其他设备设施及管路的正常运行，进而产生多米诺效应，使事故范围和破坏程度随着时间的推移不断升级扩大。因此，研究油罐火灾中热辐射的危害特性以及如何利用现有装备有效阻止着火油罐的热辐射对邻近油罐造成危害是非常有必要的。

近年来，通过对油罐火灾事故典型案例以及火焰模拟试验数据的分析，确认防止油罐火灾由着火油罐向邻近油罐蔓延的有效方法是用水对邻近油罐进行冷却降温，减少或阻断火焰的热辐射。冷却水是阻止邻近油罐被引燃和保证邻近油罐安全的关键，可防止邻近油罐变形、破损和爆炸，防止由于罐壁损毁而导致油品外溢，从而避免火灾事故进一步升级。

在油罐火灾中，对邻近油罐实施有效的冷却保护措施，阻断热辐射对邻近油罐的影响，做好油罐区火灾爆炸事故的预防和控制，是各国面临的重要课题。一般情况下，在扑救油罐火灾时，对邻近油罐的冷却只考虑要将冷却水喷射到罐壁上沿或顶部，使水从上往下流，以起到全面冷却罐壁的作用。合理强度的冷却水是顺利阻止邻近油罐被引燃、预防油罐火灾进一步发展和蔓延的重要手段。因此，油罐区冷却给水系统、灭火系统和报警系统的设计，油罐火灾的预防、控制、扑救和消防规范的编制以及储油罐区的设计都具有重大意义。

1.3　国内外油罐冷却水强度标准对比

近年来，国内外相继出台了关于油罐冷却水强度的相关规范和执行标准。

国内相关权威规范有四部：《建筑设计防火规范（2018 年版）》（GB 50016—2014，简称《建规》），《石油库设计规范》（GB 50074—2014）、《石油天然气工程设计防火规范》（GB 50183—2015）、《石油化工企业设计防火标准》（GB 50160—2008），后三部规范简称《石化规》。《石化规》规定的油罐冷却水供给范围及强度标准见表 1.2。

表 1.2　《石化规》规定的油罐冷却水供给范围及强度标准

冷却方式	固定式冷却 /[L/（min•m²）]		移动式冷却 /[L/（s•m）]	
冷却范围	着火罐	邻近罐	着火罐	邻近罐
	罐壁表面积	1/2 罐壁表面积	罐周全长	罐周半长
《石油库设计规范》（GB 50074—2014）	2.50	2.50	0.60	0.35
《石油化工企业设计防火标准（2018 年版）》（GB 50160—2008）	2.50	2.50	0.80	0.70
《石油天然气工程设计防火规范》（GB 50183—2015）	2.50	2.00	0.80	0.50

由表 1.2 可知，国内相关规范规定的冷却水供给强度和单位的标准不同。《石化规》对移动式冷却水强度的单位规定是 L/（s•m），以油罐周长计算冷却用水量；固定式冷却水强度的单位规定是 L/（min•m²），以罐壁表面积计算冷却用水量。因此，在冷却油罐时，采用移动式和固定式冷却用水量是不同的，而且随着油罐高度的变化，两种方式的冷却用水量相差较大。

国内外规范对油罐冷却水强度的要求和执行标准见表 1.3。

表 1.3　国内外规范对油罐冷却水强度的要求和执行标准

规范或单位名称	着火罐	邻近罐
美国防火协会	10.2 L/（min•m²）	最小 2 L/（min•m²），通常 6 L/（min•m²），最大 10.2 L/（min•m²）
英国消防协会	9.8 L/（min•m²）	大于 2 L/（min•m²）
《英国石油学会石油工业安全规范第 19 部分》	10 L/（min•m²）	大于 2 L/（min•m²）
《俄罗斯石油和石油制品仓库设计标准》	罐高 12 m 及以上：0.75 L/（s•m） 罐高 12 m 以下：0.5 L/（s•m）	罐高 12 m 及以上：0.3 L/（s•m） 罐高 12 m 以下：0.2 L/（s•m）
中国《石化规》	2.5 L/（min•m²）	2.5 L/（min•m²）或 2 L/（min•m²）

由表 1.3 可知，国外相关部门规定着火罐和邻近罐的冷却水强度与我国规范明显不同。美国防火协会和英国消防协会要求的冷却水强度较大，最大强度接近我国标准的 4 倍。其中，我国冷却水强度标准是根据 1966 年公安部天津消防研究所对 100 m³ 固定顶油罐灭火试验的数据换算成单位罐壁表面积冷却水供给强度推算得出的，并做了适当调整。美国相关标准中冷却水供给强度是在估计可燃物的性质和数量、火灾的暴露时间以及灭火能力的预计效果的基础上提出的，并且在得到的理论值的基础上增加了一定的安全系数，因此得到的冷却水强度数值较大，安全性较高。

不同规范的冷却水强度标准存在差异，给冷却水强度的选择和油罐冷却系统用水量的设计造成了一定的困难。冷却水强度并不是越大越好，强度过大会导致环境污染和资源浪费，而强度过小会使油罐得不到有效的保护，安全性受到威胁。目前，规范规定的冷却水强度标准是否合理，按照哪个标准计算冷却水强度是需要解决的问题。

1.4 油罐冷却研究

1.4.1 理论研究

20 世纪 90 年代，液体的蒸发冷却理论开始应用于火灾研究领域。用水冷却油罐时，除对流换热外，还伴有水蒸发冷却现象。水喷淋和水喷雾冷却方式就是利用水滴蒸发冷却现象。Dimarzo 将流体蒸发冷却研究理论应用到火灾安全领域，通过模拟固体表面水的蒸发冷却，建立了在固体表面上冷却供水流量的计算模型。当辐射热传给液滴时，液滴表面液层吸收热量后，降低液面的表面张力，使液面扩展。通过研究发现，液滴表面的热通量大概是总辐射源的 18%，即有

$$q_{\text{inc}} = 0.18\varepsilon\sigma T_{\text{r}}^4 \tag{1.1}$$

式中：ε为辐射系数；T_{r}为辐射源温度，℃；σ为黑体辐射系数。

流体经过固体壁面时将形成流动边界层，在边界层内存在速度梯度，在此层内流体做层流流动。由于流体的黏性，故要在固体表面吸附一定量的水，当固体表面处于高温时，这层薄的水层就要有一个蒸发的过程。在单个液滴蒸发冷却理论的基础上，确定液体在水平固体表面流动的最大速率应为

$$U_{\max} = \frac{V}{A\tau_{\text{ERC}}} \tag{1.2}$$

式中：V为固体表面液体的体积，m³；A为单一液滴蒸发冷却影响的面积，m²；τ_{ERC}为单一液滴开始蒸发完又在接触表面覆盖的循环时间，s。

其中

$$A = \pi(\beta\eta_i)^2\left(\frac{3V}{4\pi}\right)^{\frac{2}{3}} \tag{1.3}$$

$$\eta_i = 11(1-e^{\frac{-\delta}{6}}) \tag{1.4}$$

式中：β为形状参数；η_i为无量纲影响半径；δ为无量纲热渗透深度。这些参数的具体计算方法参考相关文献。

竖直固体表面的水流动速率还没有具体的计算方法，但是对于竖直罐壁，水的换热系数h_w可由 McAdams（1954）提出的公式计算，即

$$h_w = 8\,500(Mr)^{\frac{1}{3}} \tag{1.5}$$

式中：r为油罐的半径，m；M为供水强度，L/（min•m²）。

壁面水层的厚度可由 Chen 等（1995）提出的公式确定，即

$$b_w = 0.304\left[\frac{(MH)^{1.75}\mu^{0.25}}{g\rho_w^2}\right] \tag{1.6}$$

式中：r为油罐的半径，m；M为供水强度，L/（min • m²）；H为罐的高度，m；μ为水的黏性系数；g 为重力加速度，m/s²；ρ_w为水的密度，1 000 kg/m³。

Nitesh 等根据热辐射模型建立了邻近罐的冷却水强度的计算模型，即要确定邻近罐所需要的冷却水强度要先确定邻近罐吸收的热辐射量。由于模型的建立假设冷却水用于冷却罐壁后的温度不超过 100 ℃，不考虑罐壁对环境的辐射热，且邻近罐吸收的热辐射完全被冷却水吸收，忽略水的损失和蒸发，因此具有一定局限性。

Marco 等提出了一个理想模型，假设火焰形状是圆柱体，通过对着火罐的热辐射强度的计算，可以估测冷却邻近罐的用水量和喷射强度。

王贺明利用传热学及水的蒸发冷却理论，对邻近罐所受热辐射总量与冷却水、罐壁、油品三者所吸收的热量建立守恒关系式，得到了邻近罐罐壁冷却供给强度公式：

$$\dot{m} = \frac{\dot{q}St - q_{oil} - q_{tw}}{\theta t S\left[C_{p1}(T'-T_0) + C_{p2}\eta\right]} \tag{1.7}$$

式中：$\dot{m}$为冷却水强度，L/（min • m²）；θ为移动式水枪冷却水的冷却效率；q_{tw}为罐壁受热辐射影响吸收的热量；q_{oil}为罐内油品受热辐射吸收的热量；t为着火罐持续燃烧时间，h；S为受热辐射影响范围内的罐壁面积，m²；η为在油罐火灾中，移动式冷却水冷却邻近罐罐壁的汽化率；C_{p1}为水在吸收罐壁热量后升温未达到 100 ℃的对流换热系数；C_{p2}为水在 100 ℃从液态转变为气态时的对流换热系数；T'为冷却罐壁后不超过 100℃的水温，℃；T_0为水的初始温度，℃。在此基础上，求得 5 000 m³ 拱顶罐发生火灾后，其邻近罐最小移动式冷却水供给强度为 1.18 L/（s•m²）。

甄浩艺在此基础上根据米海耶夫的水沸腾表面传热系数改进模型，得到冷却水强度计算公式：

$$\dot{m} = \frac{0.533q^{0.7}p^{0.5}(T_w - 100)}{C_{p1}(100-T_0) + C_{p2}\eta} \tag{1.8}$$

式中：p为水的沸腾绝对压强，Pa；q为邻近罐接收的热辐射强度，W/m²；T_w为邻近罐壁吸收热辐射后的温度，℃；T_0为水的初始温度，℃。

式（1.7）和式（1.8）忽略了受辐射邻近罐对环境的热辐射和热对流，假设冷却水冷却罐壁后转变的水蒸气温度低于 100 ℃，属于理想状态，故计算结果存在较大误差。

1.4.2　试验研究

1966 年，公安部天津消防研究所对 100 m^3 敞口汽油罐进行冷却试验，试验中测得冷却水最低强度为 0.49 L/（s • m^2），当冷却水强度达到 1.12 L/（s • m^2）时，罐壁最高温度为 280 ℃，当冷却水强度增大到 1.5 L/（s • m^2）时，罐壁最高温度为 250 ℃。供水强度不足会导致冷却效果不好，使罐壁出现干壁现象，局部罐壁发生变形。

Roberts 通过储罐水喷淋冷却试验发现，在喷射火作用下，英国和美国相关规范中推荐的冷却水强度 10 L/（min•m^2）不能保证着火罐的安全。

Nitesh 通过试验研究了池火灾计算冷却邻近罐的方法，最终计算得到水喷淋的喷射强度为 0.091~0.243 L/（s•m^2）。如果着火罐和邻近罐的距离超过 5 m 以上，则用水量降低。

1987 年 10 月，我国相关领域的研究人员在天津开展了油罐火灾的消防演练。试验油罐为 5 000 m^3 的汽油罐，演练记录了消防冷却水的用量、火焰辐射热通量等技术参数，为我国油罐冷却水强度的确定提供了宝贵资料。

李建华等提出了发生油罐火灾时冷却罐壁可以降低油品的沸溢喷溅程度。在直径为 1 m 的模拟罐罐壁上安装环形水喷淋管进行冷却试验，试验结果表明，冷却水的供给强度在 0.6~0.7 L/（min•m^2）时，火焰对罐壁的辐射热作用被明显抑制，也使油品的燃烧线速度减慢，减慢的程度达 25%~30%。

象明设计了罐体内部冷却系统，研究了不同液位下油罐内部冷却对油罐火灾热释放速率的影响和冷却着火罐对火灾燃烧特性的影响。试验结果表明，着火罐液位越低，内部冷却效果越明显，罐壁冷却效果还与冷却水强度有关，且利用罐内冷却的方法抑制油罐火灾是完全可行的，不同液位冷却效果如图 1.2 所示。

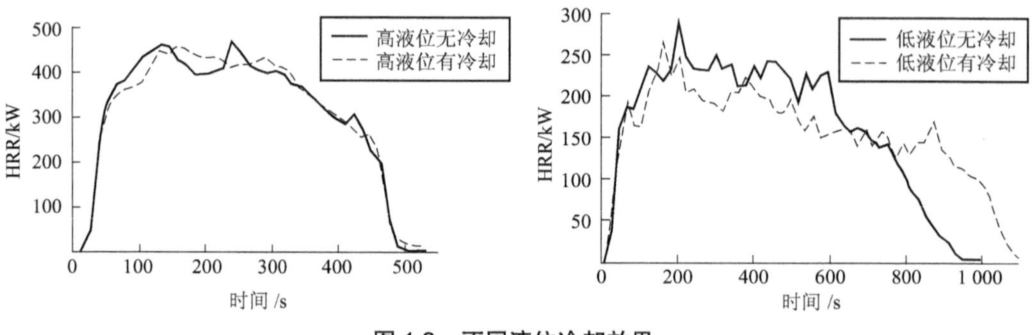

图 1.2　不同液位冷却效果

杨素芳采用不同材质和厚度的钢板进行了罐壁冷却试验，试验系统如图 1.3 所示。接排试验结果表明，对于同种厚度、不同种材质的罐壁，若钢材的化学元素组成（特别是含碳量）相差不大，在同一冷却水强度下，其冷却速度趋于一致；钢板越厚，冷却速度越慢；钢板倾斜 15° 放置冷却比竖直放置冷却速度要快一倍。

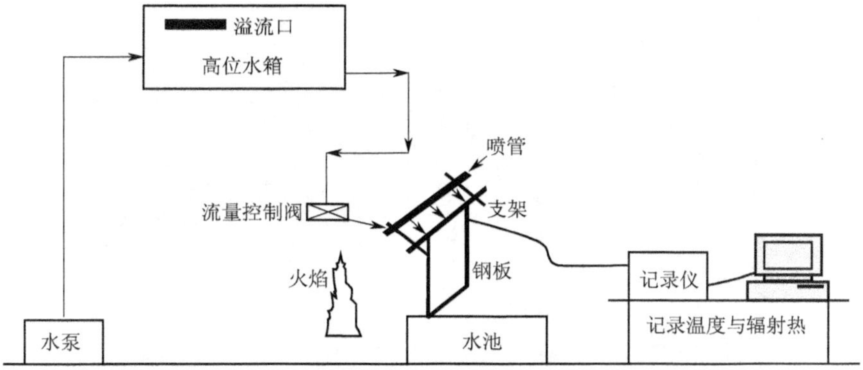

图 1.3　试验系统

甄浩艺利用直径为 30 cm 的油盘和模拟罐进行了油罐燃烧冷却试验，在模拟罐外壁安装冷却环管模拟固定式冷却方式，利用不同强度冷却水对模拟罐进行冷却，分析冷却前后罐壁温度和热辐射通量随时间的变化规律。试验结果表明，着火罐冷却效果受液位影响较大，高液位的着火罐冷却效果不明显，中低液位的着火罐冷却效果明显。其油罐冷却试验装置如图 1.4 所示。

图 1.4　油罐冷却试验装置

王贺明以 5 000 m^3 油罐为研究对象，依据相似定理对其进行缩小，并对现阶段消防部队配备最多、使用最广、口径为 19 mm 的握把助力式消防直流水枪依据相似定理进行缩小，模拟研究移动式水枪对油罐实施冷却时冷却水的冷却效率。其试验现场如图 1.5 所示。接排试验结果表明，冷却水的供给强度越大，对邻近罐罐壁的降温作用越明显，当供给强度达到冷却要求后，若持续增大冷却水的供给强度，对邻近罐罐壁的降温作用并不显著。

图 1.5 试验现场

1.4.3 计算机模拟研究

1991 年，计算机模拟开始应用在油罐火灾研究中，Chow 等开发了 BSE-SPRI 模型，用于研究自动喷水系统对火灾引起的热烟空气层的影响。从 20 世纪 80 年代起，一些学者开发了区域模型和场模型，并用来进行水喷淋热辐射防护的模拟研究。加拿大不伦瑞克大学火灾研究所模拟了火灾环境下原油罐的热响应，随后将风速、温度等许多影响火灾发展的外界因素引入模型当中。

FDS 软件于 2000 年开发并投入使用，近几年才逐渐应用到油罐火灾模拟中。Shebeko 等利用 FDS 软件模拟了不同强度的喷淋效果，以研究最佳喷淋强度。

甄浩艺利用 FDS 软件建立了油罐火灾模型，在不同的初始条件下，模拟研究了水喷淋系统对邻近罐的保护作用，发现喷淋液滴的直径影响热辐射的消减作用，液滴直径越小，冷却罐壁效果越好。当油罐发生全面积火灾时，若采用我国规范规定的喷淋强度，$0.6D$ 处的热辐射通量高于热通量伤害准则的 12.5 kW/m^2。

谭科峰利用 FDS 软件模拟了大型浮顶油罐在不同水喷淋强度作用下热辐射的空间分布，分别用 5 L/min，10 L/min，30 L/min，50 L/min 流量的冷却水冷却邻近罐，得到不同冷却水强度对罐壁热辐射的冷却效果。

综上所述，国内外学者研究油罐燃烧和冷却特性时大多采用理论分析、试验研究和计算机模拟相结合的方法，研究大多侧重于对火焰特性、热辐射传播特性等火灾动力学基础理论的研究，关于油罐的冷却水强度研究近些年才开始开展，油罐冷却的计算机模拟和试验数据较缺乏，对邻近罐冷却水强度计算模型的研究还存在许多不足，仍然没有确定油罐合理的冷却水强度。

第 2 章　油罐间传热模式和油罐火主要特征参数

2.1　引言

热辐射是造成油罐间火灾蔓延的主要原因，邻近罐内燃料产生的蒸气在火焰辐射热作用下极易被引燃而造成罐区火灾蔓延。油罐冷却研究是建立在油罐火传热特性的基础上。本章主要分析着火罐和邻近罐之间的传热模式、热响应过程和油罐火主要特征参数，为研究油罐冷却提供理论依据。

2.2　油罐间传热模式

传热的主要原因是存在温度差，从而使热能发生了转移。一个介质中或两个介质之间只要存在温差，就会有传热发生。传热模式有三种：热传导、热对流和热辐射。大型油罐的传热是一个复杂的热量传导过程，在油罐火灾中往往会有两种或三种传热模式同时起作用，本书分析油罐间的传热过程只考虑每个过程的主导方式。在大型油罐火灾中，着火罐火焰燃烧产生的热量主要以热辐射和热对流的方式传递到邻近罐，其中热辐射占主导作用。罐壁内部的温差使热量从罐外壁以热传导的方式传递到罐内壁，此时罐壁温度高于罐内油品温度，热量再以热对流的方式在罐内油品中传递，同时高温罐壁通过热辐射向环境传热。本书忽略油罐罐顶，只研究罐壁传热和冷却，得到火灾环境下油罐传热机理如图 2.1 所示。

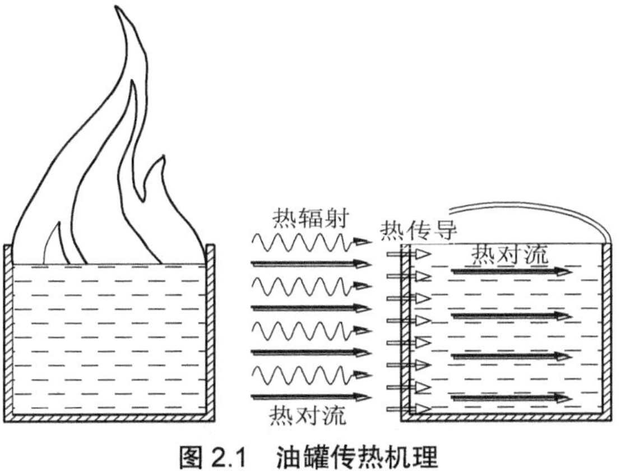

图 2.1　油罐传热机理

2.2.1 热辐射

物体通过电磁波传递能量的现象称为辐射，被传递的能量称为辐射能。辐射换热不需要介质，是真空中唯一的热传递方式。着火罐与邻近罐之间的热量传递为辐射传热和对流传热，主要为辐射传热。Hottel 通过研究发现，油罐在燃烧时，其热量主要以热辐射的方式向外传递，火焰引燃邻近罐，通常并不是由于油罐火焰直接引燃邻近罐引起的，而是由于火焰释放的热量将邻近罐散发出的可燃蒸气引燃造成的，引燃邻近罐散发的可燃蒸气的能量就是着火罐火焰的辐射热，因此热辐射是最主要的危害。当温度相同时，黑体的热辐射能力在所有物体中最强。物体辐射的能量的上限值符合斯蒂芬 - 波尔兹曼定律，该定律辐射热计算公式为

$$q = \varepsilon\sigma T^4 \tag{2.1}$$

式中：q 为辐射热强度，W/m²；σ 为斯忒藩 - 玻耳兹曼常量，其值为 5.67×10^{-8} W/（m²·K⁴）；T 为黑体表面的热力学温度，K；ε 为物体表面的发射率，也称黑度，取值为 0~1。

2.2.2 热传导

静态的介质由于存在温度梯度而在介质之间发生的传热现象称为热传导。导热能力一般用导热系数表示，即在单位温差下，某种介质在单位时间内经过单位厚度传导的热量，单位为 W/（m·℃）。油罐燃烧后，火焰的热量通过热辐射方式传递到邻近罐罐壁，导致罐外壁升温，并将热量以热传导方式传到罐内壁和罐内油品，此时的传热方式主要是热传导。油罐热传导服从傅里叶定律，即

$$q = -\lambda\frac{\mathrm{d}t}{\mathrm{d}x} \tag{2.2}$$

式中：q 为热流密度，指单位时间内经单位面积传递的热量，W/m²；λ 为导热系数或热导率；$\frac{\mathrm{d}t}{\mathrm{d}x}$ 为介质沿 X 方向的温度变化率。

罐壁的热传导过程如图 2.2 所示，其中 δ 为油罐罐壁的厚度。

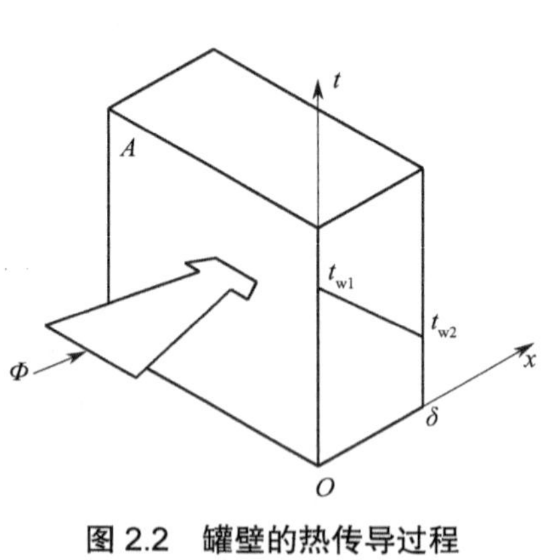

图 2.2 罐壁的热传导过程

大型油罐直径较大、罐壁较薄，可以近似地看成平板导热，即一维稳态导热。一般油罐的壁厚相对于油罐直径和高度非常小，例如 5 000 m³ 的油罐，罐体直径为 22.7 m，罐体总高

为 12.6 m，而罐壁最厚处只有 12 mm。设罐壁导热系数 λ 为常数，罐壁厚度为 δ，平壁两侧温度分别为 t_{w1} 和 t_{w2}。由傅里叶定律 $q=-\lambda\frac{dt}{dx}$ 分离变量，并按相应边界条件积分，可得

$$q\int_0^{\delta}dx=-\lambda\int_{t_{w_1}}^{t_{w_2}}dt \tag{2.3}$$

整理可得

$$q=\lambda\frac{t_{w_1}-t_{w_2}}{\delta} \tag{2.4}$$

式中：t_{w1} 和 t_{w2} 分别为罐壁两侧表面温度，℃。

对于有一定厚度的罐壁来说，应该考虑罐壁内部的热传导以及罐壁上不同位置温度分布随时间的变化情况。罐壁越厚，热传导的作用就越强。厚罐壁选用竖直圆柱形油罐采用的导热微分方程为

$$\frac{1}{r}\frac{\partial}{\partial r}(\lambda r\frac{\partial T}{\partial r})+\frac{\partial}{\partial z}(\lambda\frac{\partial T}{\partial z})=\rho c\frac{\partial T}{\partial t} \tag{2.5}$$

式中：T 为罐壁温度，K；λ 为罐壁导热系数；ρ 为罐壁密度，kg/m³；c 为罐壁比热，J/（kg•K）。

2.2.3　热对流

液体中高温部分和低温部分之间通过流动交换热量的过程称为热对流。着火罐燃烧时火焰产生大量辐射热使邻近罐的罐壁快速升温，高温罐壁将热量以热传导的方式传递到油罐内壁，进而传递到罐内液体，罐内的高温液体通过热对流的方式与温度低的液体进行热量传递，此时邻近罐内液体热量传递的主要方式是热对流。热对流是油罐火灾初期最主要的传热方式。

对流换热计算公式通常称为牛顿冷却公式，即

$$q=h\left(t_1-t_2\right) \tag{2.6}$$

式中：q 为单位时间内单位面积上的对流换热量，W/m²；t_2-t_1 为壁面与流体间的温差，℃；h 为传热系数，J/（m²•s•K）或 W/（m²•K）。

在火灾环境下，由于油罐罐壁内侧与油品之间存在温度梯度，因此流体中存在密度梯度，在此作用下罐壁和油品之间会产生自然对流，罐壁和油品间的传热系数 h 采用自然对流模型，按下式计算：

$$h=\varepsilon\frac{\lambda}{L}\left(Gr\cdot Pr\right)^n \tag{2.7}$$

式中：ε、n 为相关系数，由 $Gr\cdot Pr$ 值决定，可从表 2.1 查得；Gr 为液体的格拉晓夫常数；Pr 为液体的普朗克常数；L 为油罐内油层高度，m；λ 为油品在定性温度下的导热系数，W/（m²•℃）；。

表 2.1　相关系数 ε 和 n 值

$Gr\cdot Pr$	ε	n
10^{-3}~500	1.18	1/8

续表

$Gr\cdot Pr$	ε	n
500~2×10^7	0.54	1/4
>2×10^7	0.135	1/3

导热系数按下式计算：

$$\lambda=\frac{117.5}{\rho}(1-0.000\,54t) \tag{2.8}$$

式中：t 为油品的定性温度，℃；ρ 为常温下油品的密度，kg/m³。

液体的格拉晓夫常数按下式计算：

$$Gr=\frac{g\beta\Delta td^3}{v^2} \tag{2.9}$$

式中：g 为重力加速度，取值为 9.81 m/s²；Δt 为流体的平均温度与放热壁面温度的差值，℃；β 为定性温度下流体的体膨胀系数，/℃；v 为流体的运动黏度，m²/s；d 为对流换热或流动过程中起决定意义的尺寸，这里指油罐的直径，m。

普朗克常数按下式计算：

$$Pr=\frac{vc\rho}{\lambda} \tag{2.10}$$

式中：λ 为油品在定性温度下的导热系数，W/(m²・℃)；c 为流体在定性温度下的比热容，J/(kg・℃)；v 为流体的运动黏度，m²/s；ρ 为定性温度下流体的密度，kg/m³。

罐壁的高温会影响罐内油品温度，因而在油罐罐壁的冷却中，要分析油罐内部的对流换热，主要是研究对流换热系数。对流换热是水流过罐壁时的热量传递，它是复杂的热量传递过程，影响对流换热的因素是流体本身的热物理性质，包括流体的导热系数、比热、黏度和密度等。

2.3 油罐火主要特征参数

2.3.1 质量燃烧速率

质量燃烧速率表征燃料在燃烧过程中发生的质量损失变化情况。1957 年，Blinov 和 Khudiakov 进行了大量油池火试验，在分析试验数据的基础上提出了油品质量燃烧速率计算公式：

$$m''=p_t v\times10^{-3}/60 \tag{2.11}$$

式中：m'' 为质量燃烧速率，kg/(m²・s)；p_t 为液体燃料的密度，kg/m³；v 为燃料液面下降的速率，mm/min。

Zabetakis 和 Burgess 在式(2.11)基础上做了大量试验后发现，油罐内燃料的质量燃烧速率受罐体直径和外界环境等相关因素的影响，而式(2.11)并没有考虑这些影响因素，因此

他们对式(2.11)进行了修改，提出当油罐直径大于 0.2 m 时，油罐内燃料的质量燃烧速率计算公式为

$$m'' = m''_{\infty}\left(1-\mathrm{e}^{-k\beta D}\right) \tag{2.12}$$

式中：m'' 为油罐直径为 D 时油品的质量燃烧速率，kg/(m²•s)；m''_{∞} 为油罐直径无限大时油品的质量燃烧速率，kg/(m²•s)；$k\beta$ 为经验系数，通常为试验测定值，$k\beta$ 值的确定取决于燃料的种类；D 为油罐的直径，m。

Babrauskas 将式(2.12)推广到了大型油罐火灾的质量燃烧速率的计算，假设油罐火灾的燃料蒸发热全部来自火焰的热辐射。当油罐的直径足够大时，火焰大小也达到最大值，此时返回燃料液面的热辐射和质量燃烧速率均达到最大值。m''_{∞} 的计算公式为

$$m''_{\infty} = \frac{0.001\Delta H_{\mathrm{c}}}{\Delta H_{\mathrm{v}}} \tag{2.13}$$

式中：ΔH_{c} 为燃料的燃烧热，kJ/kg；ΔH_{v} 为燃料的蒸发热，kJ/kg；m''_{∞} 为经验系数，汽油的 m''_{∞} 值为 0.055 kg/(m²•s)。

表 2.2 给出了几种常见油品的 m''_{∞} 及 $k\beta$ 值。

表 2.2　几种常见油品的 m''_{∞} 及 $k\beta$ 值

油品名称	LNG	LPG	甲醇	汽油	煤油	苯	二甲苯
$m''_{\infty}/\left[\mathrm{kg}/\left(\mathrm{m}^2\cdot\mathrm{s}\right)\right]$	0.078	0.099	0.015	0.055	0.039	0.085	0.090
$k\beta/\left(\mathrm{m}^{-1}\right)$	1.1	1.4	—	2.1	3.5	2.7	1.4

2.3.2　火焰高度

火焰高度表征油罐火灾的外在特征，指可见火焰的时均高度，也就是平均火焰高度，其本质是由发出可见光的碳微粒组成的柱状火焰体的高度，无风状态下火焰高度示意图如图 2.3 所示，有风状态下火焰高度示意图如图 2.4 所示。

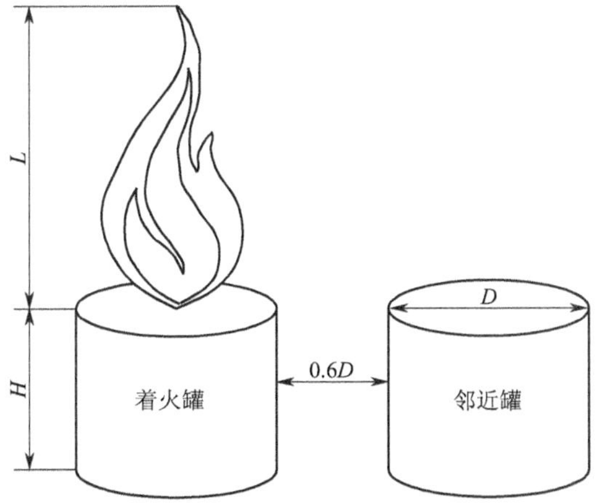

图 2.3　无风状态下火焰高度示意图

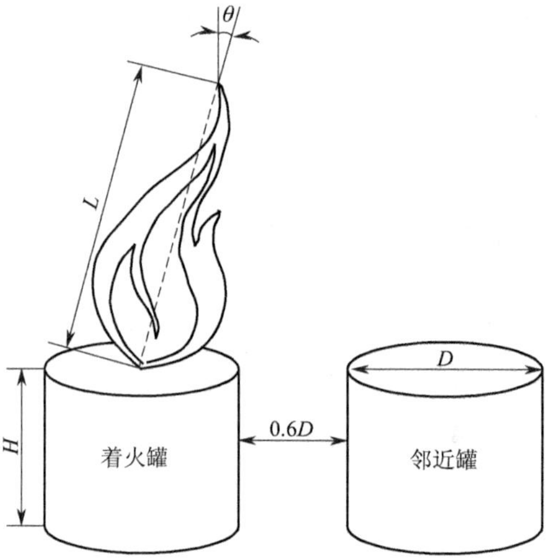

图 2.4　有风状态下火焰高度示意图

Thomas 经过计算分析得出了计算油罐火火焰高度的经验公式，在无风和有风两种情况下计算油罐火湍流火焰的平均高度的关系模型分别采用以下两式：

$$L/D = 42\left[m'' / (\rho_a \sqrt{gD})\right]^{0.61} \tag{2.14}$$

$$L/D = 55\left[m'' / (\rho_a \sqrt{gD})\right]^{0.67} \left(u^*\right)^{0.21} \tag{2.15}$$

式中：L 为火焰高度，m；D 为油罐直径，m；m'' 为质量燃烧速率，kg/（m^2 • s）；ρ_a 为空气密度，在标况下为 1.29 kg/m^3；u^* 为风速，m/s。

u^* 通过 Thomas 的关联式计算：

$$u^* = u / (g\dot{m}_f'' D / \rho_a)。$$

由式（2.15）可知，油罐火焰高度与油品质量燃烧速率、油罐直径和风速大小有关。由国内外对汽油罐火焰的试验研究数据得到不同直径汽油罐火焰高度，见表 2.3。

表 2.3　不同直径汽油罐火焰高度

油罐直径 D/m	0.4	5.4	15.3	22.3	30
火焰高度	3.25D	2.12D	1.7D	1.56D	1.23D

2.3.3　火焰倾斜角

如图 2.4 所示，在风力的作用下，火焰发生倾斜，形状发生改变，火焰倾斜的角度 θ 大小与风速 u^* 有关。美国相关协会给出的火焰倾斜角与风速的关系式为

$$\cos\theta = \begin{cases} 1 & u^* \leqslant 1\ \text{m/s} \\ 1/\sqrt{u^*} & u^* > 1\ \text{m/s} \end{cases} \tag{2.16}$$

2.3.4　燃烧时间

燃烧时间是表征油罐火灾的重要参数，在特定燃料的体积或质量给定的情况下，燃烧时

间可按下式计算：

$$\tau = \frac{4V}{\pi D^2 v} \tag{2.17}$$

式中：V为燃料体积，m^3；D为油罐直径，m；v为液面下降速率，m/s，$v=\frac{m}{\rho}$，其中ρ为液体燃料的密度，kg/m^3。

2.3.5　点源模型

热辐射指在单位时间内由单位表面积辐射出或接收到的热量，可利用点源模型计算。点源模型将池火灾假设为点火源来计算目标物接收到的热辐射值，整个火焰向外辐射出的总辐射能量全部假设由点火源发出。点源模型既考虑了池火火焰的总辐射能量，也考虑了点火源与被辐射目标物之间的距离等因素。点源模型如图2.5所示。

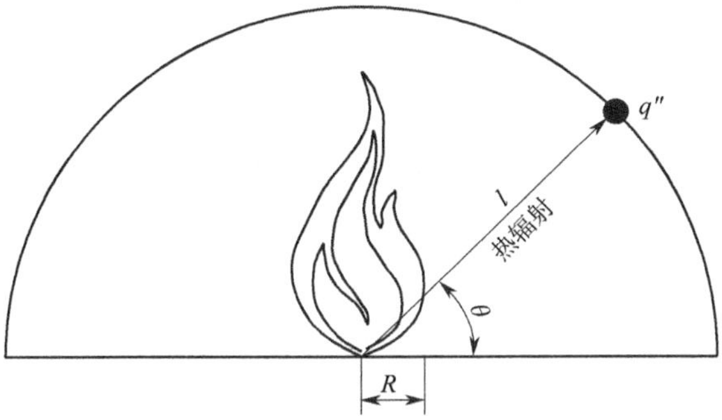

图2.5　点源模型

相关计算公式为

$$q'' = \frac{\dot{q}_{\mathrm{r}} \cos\theta}{4\pi l^2} \tag{2.18}$$

式中：q''为被辐射目标物接收到的热辐射值，kW/m^2；$\dot{q}_{\mathrm{r}}$为火焰的热释放速率，kW；θ为目标物法线与火焰点源到目标物连线的夹角；l为点火源与被辐射目标物之间的距离，m。

$\dot{q}_{\mathrm{r}}$可按下面的经验公式计算：

$$\dot{q}_{\mathrm{r}} = (0.21 - 0.003\,4D)\dot{q} \tag{2.19}$$

$$\dot{q} = m'' H_{\mathrm{C}} A \tag{2.20}$$

式中：$\dot{q}$为火焰理论热释放速率，kW；m''为质量燃烧速率，$kg/(m^2 \cdot s)$；H_{C}为燃烧热，汽油的燃烧热为4.61×10^4 kJ/kg；A为油罐表面积，m^2；D为油罐直径，m。

式(2.18)中的l可表示为

$$l = \sqrt{R_0^2 + \left(\frac{H}{2} - H_{\mathrm{T}}\right)^2} \tag{2.21}$$

式中：H为火焰高度，m；H_{T}为被辐射目标物相对于液池平面的高度，m；R_0为被辐射目标物与通过火焰点源轴线的水平距离，m。

第 3 章　火灾环境下邻近罐温度和热辐射分布特征研究

3.1　引言

火灾模拟仿真方法是评估油罐火灾对邻近罐造成危害的重要手段。油罐火灾的研究由于受到安全、资金和环保等多种因素的制约，直接开展大型油罐火灾试验是极其困难的，且试验结果受环境影响误差较大，因此利用计算机模拟技术，选择合适的软件模拟油罐火灾发生过程以及火焰燃烧特性是目前研究大型油罐火灾的主要方法和手段。本章利用 FDS 软件建立大直径油罐火灾模型，模拟大型油罐火灾环境下的火灾场景，开展邻近罐温度和热辐射分布研究。

3.2　FDS 软件简介

美国国家标准与技术研究院（NIST）建筑与火灾研究实验室（BFRL）开发的 FDS（Fire Dynamic Simulator）是模拟效果比较理想的火灾模拟软件。FDS 是以大涡模拟为基础的流体动力学软件，采用数值方法计算火灾中的烟气和热传递过程，通过求解相关的一系列偏微分方程，描述火灾的发展状况，可以较好地模拟火灾热动力下的物体燃烧时各种物理量的变化和空间分布情况，在火灾科学领域得到了广泛的应用。

FDS 软件包含两个主体程序：FDS 和 Smokeview。其中，FDS 主要编制模型的程序并进行运算，Smokeview 主要计算结果并进行动态显示。其计算结果可以表示为图片或三维动画的形式，模拟数据可以通过 Excel 数据表导出。通过模拟运算，可以获得火焰总热释放率、火焰温度、火焰形状等参数，以及邻近罐温度和辐射热通量随时间的变化。FDS 软件的模拟过程可分为三个步骤：

（1）建立模型，包括模拟空间边界、燃料属性、建筑物相关信息、环境参数等；

（2）运行计算，包括输入文件、进行运算和生成输出文件；

（3）分析计算结果，Smokeview 可以使计算结果形象化、具体化。

3.3　模型建立条件及参数设定

利用 FDS 软件对油罐火灾进行模拟，首先要建立火灾场景，确定模拟区域，划分区域网格，设定区域内物体的几何形状、火源、燃料，规定边界条件等。

3.3.1　模拟油罐类型及尺寸

选取拱顶油罐为研究对象，大型拱顶油罐是竖直安装的圆筒形金属罐，主要由罐底、罐壁和罐顶以及计量口、进出管线等附件组成。由于罐体大部分在地上，起火后火焰热辐射直接作用在邻近罐上，容易将邻近罐引燃形成油罐火蔓延。因此，需要在短时间内对邻近罐加以冷却。大型拱顶油罐实物如图 3.1 所示。

图 3.1　大型拱顶油罐实物

选取尺寸、材料相同的两个油罐作为研究对象，即油罐 A 和油罐 B，其中油罐 A 为燃烧罐，油罐 B 为邻近罐，且两者内装相同燃料。A、B 油罐选取罐区常见的 3 000 m^3、5 000 m^3 和 10 000 m^3 三种尺寸进行油罐火灾模拟计算。表 3.1 给出了三种常见拱顶油罐的高度和直径。

表 3.1　三种常见拱顶油罐的高度和直径

公称容积 /m^3	罐壁高度 /m	公称直径 /m
3 000	12.6	17.6
5 000	12.6	22.7
10 000	14.2	30.4

大型油罐壁厚的选取依照美国储油罐设计规范《焊接储油罐》（API650：2013），采用变点法分层确定油罐的罐壁厚度，且 3 000~10 000 m^3 罐壁厚度不小于 6 mm。依照我国《立式

圆筒形钢制焊接油罐设计规范》(GB 50341—2014)第 6.3.3 条，罐壁最小名义厚度应满足表 3.2 要求。

表 3.2　罐壁最小公称厚度

油罐内径 D/m	$D<15$	$15\leqslant D<36$	$36\leqslant D\leqslant 60$	$60<D\leqslant 75$	$D>75$
罐壁最小名义厚度 /mm	5	6	8	10	12

本书模拟计算中研究的重点是邻近罐受热辐射影响最大的区域，由文献资料中的试验数据得知，罐壁顶部一般受着火罐的热辐射影响最大，因此模型按照油罐最上层厚度要求，设置罐壁厚度均为 6 mm。并且经过分析得知，油罐的加强圈、抗风圈和罐底板在罐壁受到热辐射升温的过程中并没有起到过多的冷却作用，因此模拟中忽略油罐的附件。

3.3.2　油罐间距

《石油化工企业设计防火标准(2018 年版)》(GB 50160—2008)第 8.4.4 条规定，当着火罐为立式储罐时，距着火罐罐壁 1.5 倍着火罐直径范围内的相邻罐应进行冷却。《石油库设计规范》(GB 50074—2014)第 6.1.15 条规定，当地上式甲乙类液体储罐容量大于 1 000 m^3 时，油罐间的防火间距不应小于 0.6D(D 为邻近较大储罐的直径)。因此，到着火罐的距离为(0.6~1.5)D 的邻近罐需加以冷却。模拟中油罐间距分别取 0.2D、0.4D、0.6D、0.8D、1.0D 和 1.5D。

3.3.3　罐壁材质性能参数

模拟油罐选取的材质为 SPV490Q 钢，化学成分见表 3.3。根据《立式圆筒形钢制焊接油罐设计规范》(GB 50341—2014)，材料的力学性能见表 3.4。

表 3.3　SPV490Q 钢的化学成分

元素	C	Cr	Si	Mo	Cu	Al	P	Mn
含量 /%	0.120	1.181	0.587	0.566	0.058	0.038	0.017	0.561

表 3.4　罐壁材料的力学性能

参数	数值	参数	数值
密度 /(kg/m^3)	7 850	导热系数 /[W/(m·℃)]	60.5
屈服强度 /MPa	≥490	热容 /[J/(kg·℃)]	434
弹性模量 /(N/mm^2)	2.1×10^5	延伸率	>19
泊松比	0.3		

3.3.4　油品性能参数

国内外统计资料显示，在油罐火灾中，原油罐和汽油罐所占的比例最大，高达 90%。发生火灾概率最高的油品是原油，其次是汽油。原油是刚开采出未经加工提炼的混合物，具体物理参数根据成分不同而不能确定，因此本书研究的油品为 93 号汽油，其性能参数见表 3.5。

表 3.5　93 号汽油的性能参数

参数	数值	单位	参数	数值	单位
摩尔质量	120	g/mol	比热容	1.83	kJ/(kg•K)
燃烧热	46 100	kJ/kg	沸点	98.5	℃
反应热	364.9	kJ/kg	密度	684	kg/m^3
热传导率	0.14	W/(m•K)	吸收热量	1 000	1/m

3.3.5　火源

FDS 软件模拟火焰的燃烧速率的设定有两种方法：一种是通过燃料的热释放速率来设定；另一种是利用燃料的蒸发热和热物性来设定。由于燃料的燃烧速率是一个较为复杂的函数，因此用蒸发热来设定燃料的燃烧速率误差较大。考虑到油罐火灾的特点，本书选择用燃料的热释放速率来设定火焰参数。物体燃烧时在单位时间内放出的热量称为热释放速率，它是评定各类火灾火源强度的重要参数，计算公式如下：

$$\dot{q} = m^n H_C A \tag{3.1}$$

式中：$\dot{q}$ 为火焰理论热释放速率，kW；m^n 为单位面积质量燃烧速率，汽油的单位面积最大质量燃烧速率为 0.055 $kg/(m^2 \cdot s)$；H_C 为燃烧热，汽油的燃烧热为 4.61×10^4 kJ/kg；A 为油罐表面积，m^2。

由式(3.1)可知，油罐起火面积越大，热释放速率就越大。但 Blinov 等发现，随着油罐直径的增大，油罐内油品的热释放速率存在一个极限值。研究发现，当油罐直径大于 10 m 时，热释放速率为固定值 3 280 kW/m^2。由于本书所研究的油罐直径均超过了 10 m，因此油品的热释放速率设定为 3 280 kW/m^2。

3.3.6　模拟时间

油罐火灾发展迅速，从火灾开始到达到稳定状态一般只有几分钟时间，为了更好地研究油罐火传热特性，模拟时间设置为 900 s。

3.3.7　充装系数

米静探讨了油罐燃料的充装系数对罐壁温度的影响，发现充装系数越高，罐壁最高温度越低，但温差不明显，其计算得到的油罐在不同充装系数下的最高温度见表 3.6。因此，本书模拟暂不考虑充装系数的影响，油罐充装系数均设为 85%。

表 3.6 油罐在不同充装系数下的最高温度

充装系数	85%	75%	65%	50%
油罐最高温度 /℃	613.414	617.82	623.65	629.13

3.3.8 其他条件

根据实际情况，大型油罐区通常设在室外，环境温度设为 20 ℃，分别模拟无风环境和风速为 3 m/s 环境。根据实际罐区火灾事故统计发现，固定顶油罐发生火灾时，罐顶最先遭到破坏，可发生罐顶完全掀开和部分掀开的现象。本书设定模拟的环境为全敞口火，全敞口火对邻近罐的辐射最强，冷却水强度应满足该环境下的罐体冷却要求。

3.4 模型建立与网格划分

3.4.1 模型建立

大型油罐火灾模拟空间通常是长方体的立体空间，本书模拟区域是长、宽、高分别为 180 m、160 m、100 m 的长方体区域，着火罐和邻近罐位于区域底部的中心位置。其中，5 000 m^3 着火罐和邻近罐间距为 0.6D 时模型如图 3.2 所示，其中左侧罐为着火罐，右侧罐为邻近罐。整体模型如图 3.3 所示。

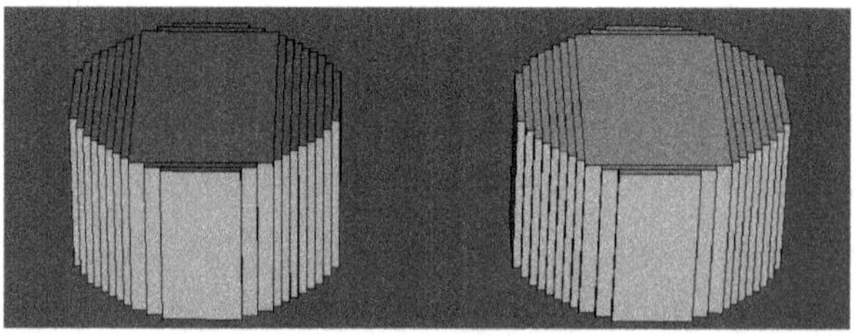

图 3.2 油罐模型

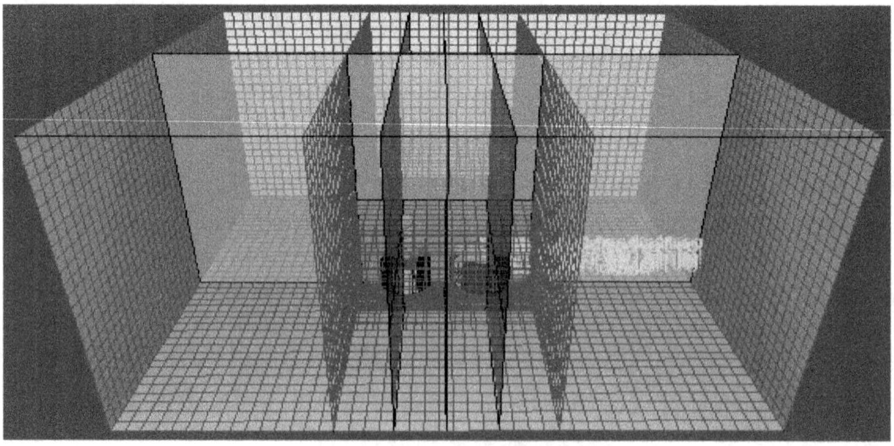

图 3.3 整体模型

3.4.2　网格划分

网格划分包含 X、Y、Z 三个方向，其中 Z 方向设为垂直方向，X 方向设为水平边方向。综合考虑计算的时间成本和精度要求以及模拟油罐尺寸，模拟时将重点模拟区域的网格划分相对细一些，可以提高模拟的精度并减少计算时间。因此，在以两个油罐为中心区域的 40 m×60 m×40 m 范围内的网格尺寸设置为 1 m×1 m×1 m，其余非火源燃烧处网格尺寸设置为 4 m×4 m×4 m，整个模拟区域共划分为 139 500 个网格。模型网格划分如图 3.4 所示。

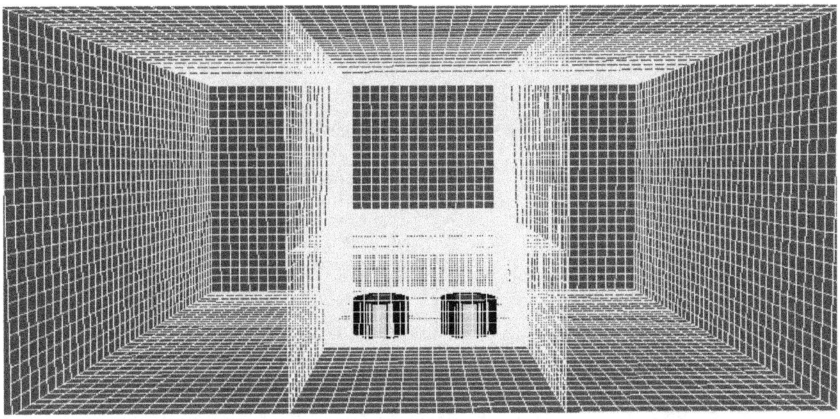

图 3.4　模型网格划分

3.4.3　边界条件

热边界条件设定为热厚层。在远离火焰一侧不受热辐射的罐壁上施加温度边界条件，温度值为环境温度。其中，受热辐射的一侧罐壁设置辐射边界条件，辐射能发射率设定为 0.3，罐壁内侧与油品的交界面设置对流边界条件，对流换热系数设置为恒定值。热物性值可根据 FDS 软件数据包值设置。

3.4.4　邻近罐罐壁探测点的设置

由于邻近罐主要热辐射区域为面向着火罐方向的罐壁，因此邻近罐均以正对着火罐方向的 90° 角范围内布置探测装置。在邻近罐选取的探测区域内，横向和纵向分别均匀设置六行和七列，共计 42 个探测点，第一行沿罐顶设置，高度等于油罐高度；正中间一列与着火罐和邻近罐中心连线相交。三种尺寸油罐罐壁的探测点设置数量相同，探测点设置见表 3.7。罐壁探测点布置如图 3.5 所示。

表 3.7　三种尺寸油罐罐壁的探测点设置

油罐容积 /m^3	3 000	5 000	10 000
探测区域长度 /m	13.8	17.8	23.9
探测区域高度 /m	12.6	12.6	14.2

续表

油罐容积 /m^3	3 000	5 000	10 000
探测点横向设置 / 行	6	6	6
行间距 /m	2.0	2.0	2.2
探测点纵向设置 / 列	7	7	7
列间距 /m	2.3	3	4
探测点总数 / 个	42	42	42

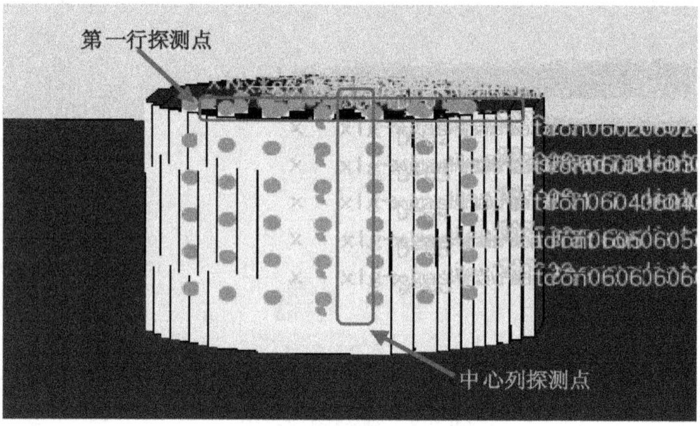

图 3.5　罐壁探测点布置

3.5　模拟结果分析

3.5.1　火焰温度

火焰温度是油罐火燃烧的重要参数之一。火焰温度一般指火焰高温部分的平均温度，定义为连续火焰区处测得的火焰温度的稳定峰值。

由表 2.3 所给不同直径汽油罐火焰高度计算得到：3 000 m^3 汽油罐火焰高度为 27.5~29.9 m，5 000 m^3 汽油罐火焰高度为 27.9~35.4 m，10 000 m^3 汽油罐火焰高度约为 37.4 m。在火焰高度范围内，着火罐中心上方沿 Z 方向分别距离罐顶 1 m、2 m、5 m、8 m、15 m 和 20 m 设置 6 个探测点测量火焰温度，并分别编号为 01~06。火焰温度探测点设置如图 3.6 所示。

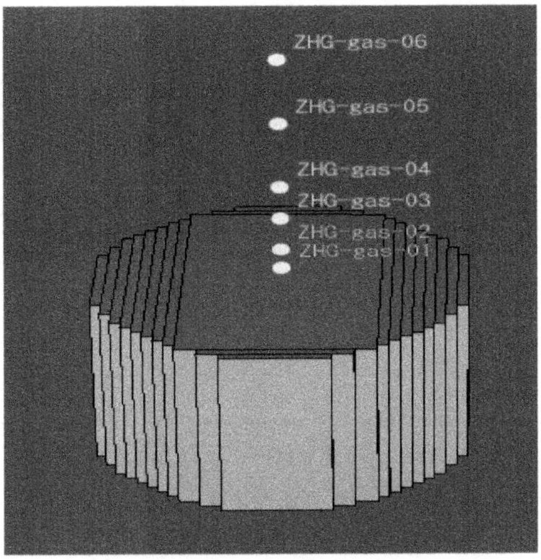

图 3.6　火焰温度探测点设置

以 3 000 m^3 着火罐为例，当模拟时间为 564 s 时，油罐火焰中心面温度分布如图 3.7 所示。由图可知，油罐燃烧时，火焰中心面最高温度已达到 1 000 ℃。模拟得到着火罐火焰平均温度见表 3.8。

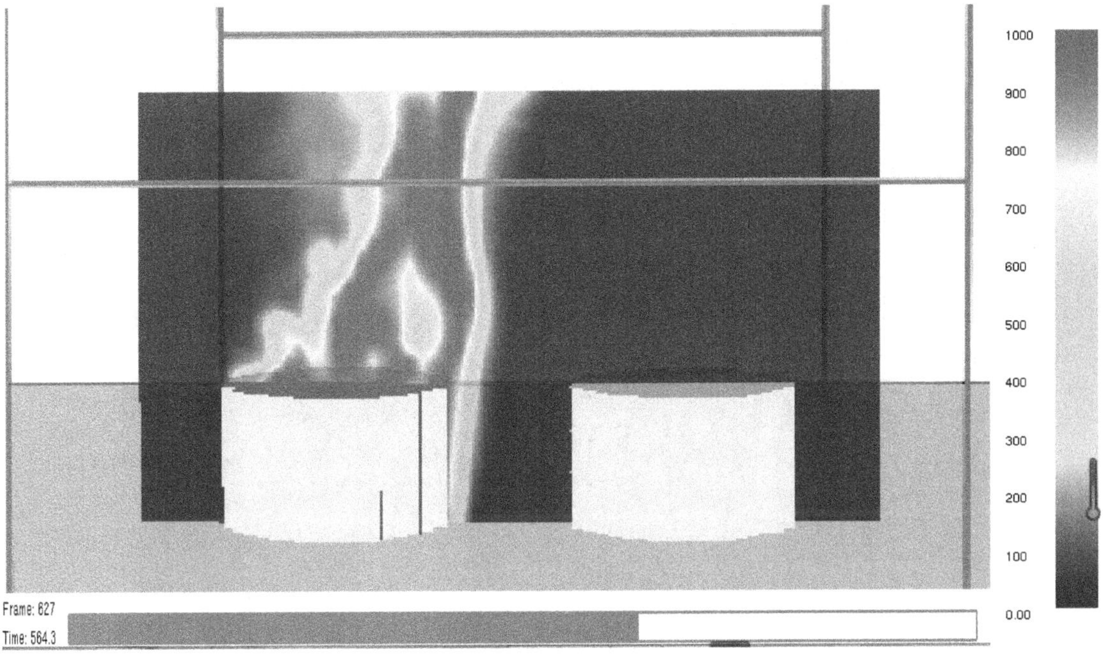

图 3.7　油罐火焰中心面温度分布

表 3.8　着火罐火焰平均温度

探测点	距离罐顶 /m	3 000 m³ 着火罐火焰平均温度 /℃	5 000 m³ 着火罐火焰平均温度 /℃	10 000 m³ 着火罐火焰平均温度 /℃
01	1	940	888	917
02	2	957	1 010	1 030
03	5	803	1 030	1 160
04	8	625	864	1 180
05	15	474	662	1 100
06	20	342	441	1 000

三种尺寸着火罐火焰平均温度在 60 s 内的曲线如图 3.8 所示。

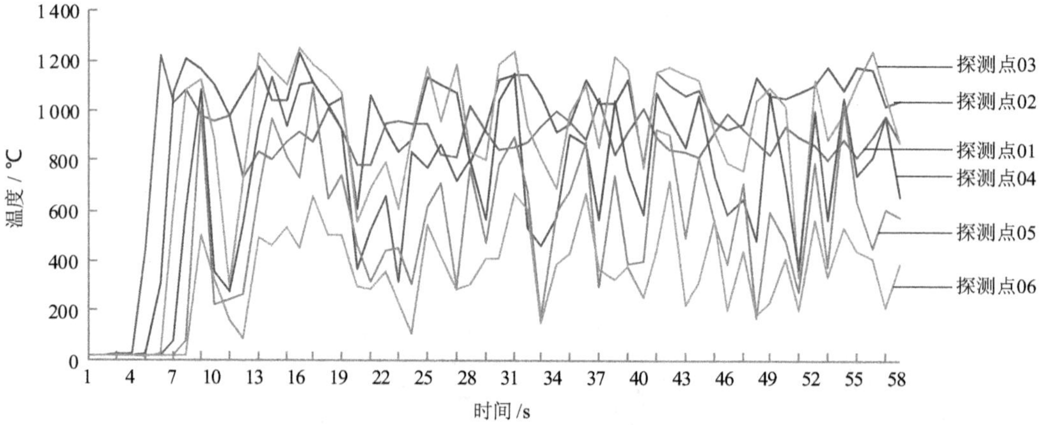

（a）3 000 m³ 油罐火焰平均温度

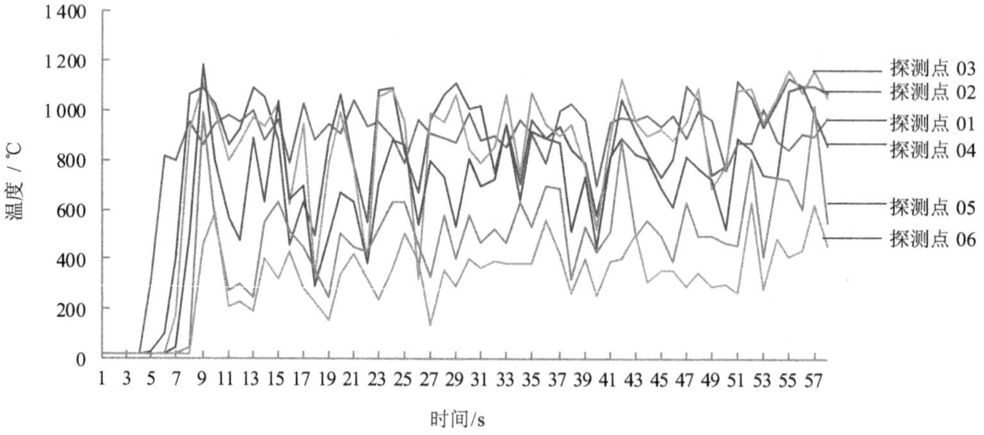

（b）5 000 m³ 油罐火焰平均温度

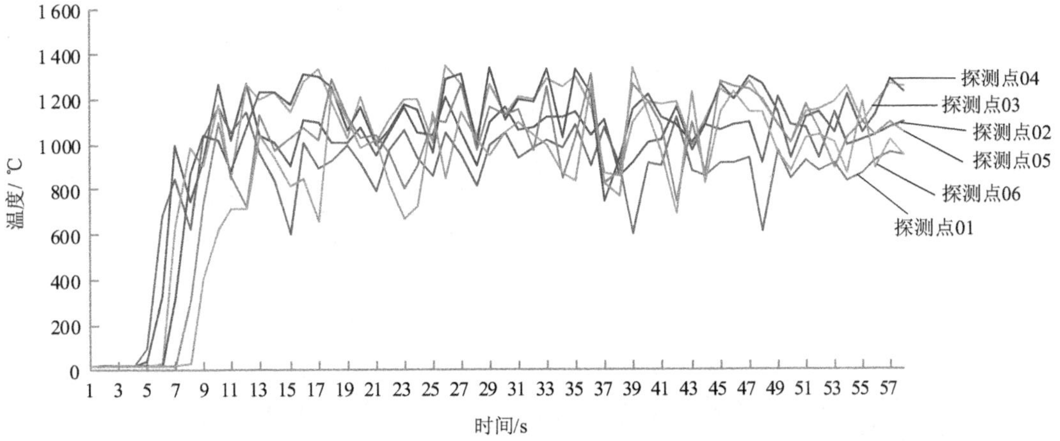

（c）10 000 m³ 油罐火焰平均温度

图 3.8　三种尺寸着火罐火焰平均温度

由图 3.8 可知，各探测点火焰温度在最初的 10 s 内快速上升，然后开始上下波动变化，但基本接近相对稳定状态。

火焰平均温度随高度变化曲线如图 3.9 所示。

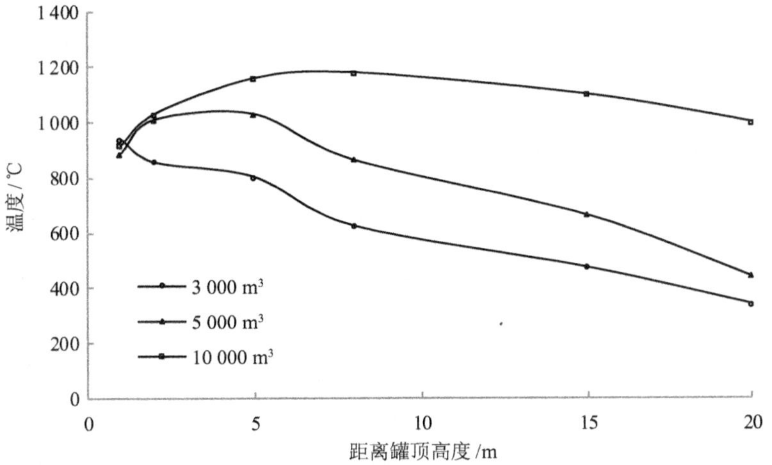

图 3.9　不同高度火焰平均温度

由图 3.9 可知，模拟油罐火焰最高温度可达 1 000 ℃以上，其中 10 000 m³ 油罐火焰温度最高，其次是 5 000 m³ 油罐和 3 000 m³ 油罐，即油罐容积越大，火焰温度越高。10 000 m³ 油罐火焰温度从火焰底部向上先升高再降低，在距离罐顶 5~10 m 处接近 1 200 ℃；5 000 m³ 油罐火焰最高温度在距离罐顶 2~5 m 处，距离罐顶超出 5 m 火焰温度开始下降；3 000 m³ 油罐火焰温度在距离罐顶 1 m 处最高，随着距离罐顶越远，火焰温度逐渐降低。

3.5.2　邻近罐温度分布

5 000 m³ 油罐间距为 0.6*D* 时着火罐和邻近罐温度场分布如图 3.10 所示。

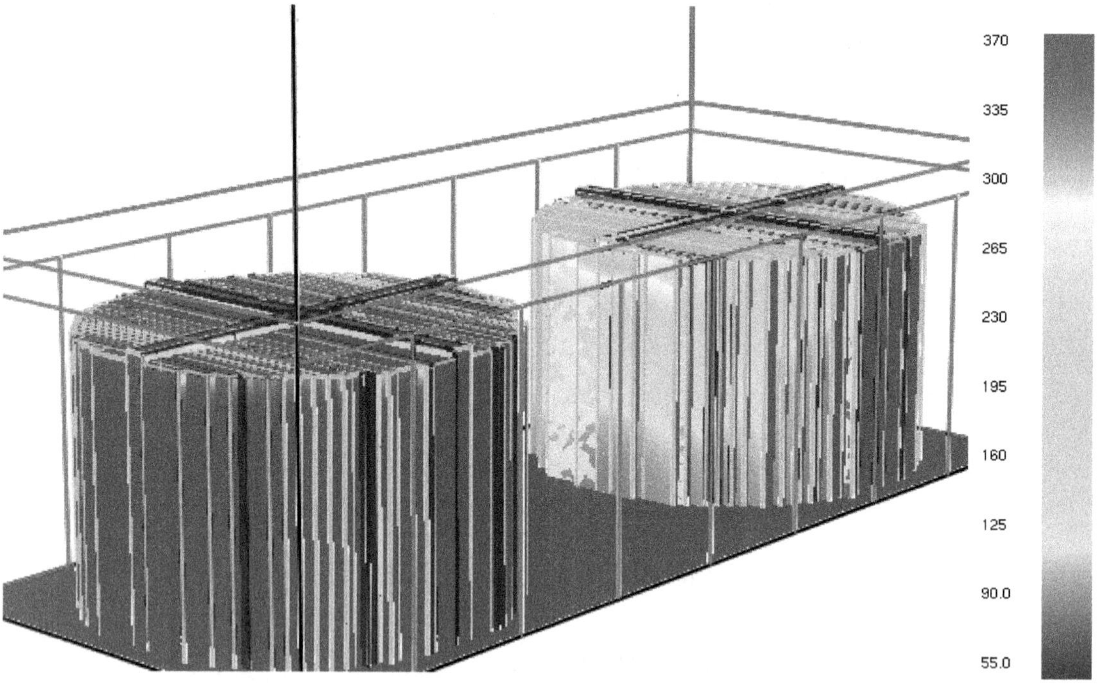

图 3.10 着火罐和邻近罐温度场分布(5 000m^3 油罐间距为 0.6D 时)

由图 3.10 可知，邻近罐离着火罐最近的面是受到热辐射危害最大的区域，正对着火罐接近罐顶区域温度最高、升温最快。由于这部分区域距离火焰最近，接收热辐射最强，空气自然对流换热系数较小，热量散失较慢，因此邻近罐温度分布从罐顶向罐底、从中心向两边随着与火焰距离的加大，罐壁温度逐渐下降。

1. 无风环境

经模拟得到不同工况下邻近罐罐壁的温度场分布，由于罐壁温度在着火罐热辐射作用下一直呈上升趋势，最大温度值为模拟的最长时间 900 s 时的瞬时温度值，选取 900 s 时邻近罐中心列和第一行探测点温度进行分析，探测点温度分布如图 3.11 至图 3.13 所示，其中 L/D 是无量纲量，L 表示油罐间距，D 表示油罐直径。

由图 3.11 至图 3.13 可知，邻近罐温度从罐顶到罐底、从最靠近着火罐的中心到两边逐渐降低，且两边温度呈轴对称分布，中心线罐顶处探测点温度值最高；油罐间距越小，邻近罐整体温度值越高；同一时刻间距相同时，3 000 m^3 油罐温度值最高，10 000 m^3 油罐温度值最低；从罐顶到罐底温度值下降幅度在 69.8%~76.5%，从正对着火罐中心到两边温度值下降幅度在 45.7%~56.1%，即油罐间距越小，温度值下降幅度越大。

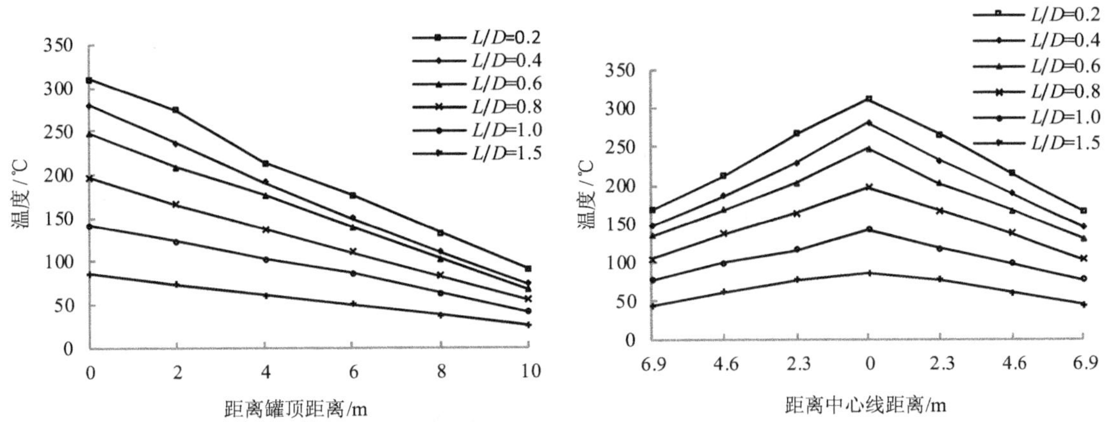

图 3.11　3 000 m³ 油罐温度分布

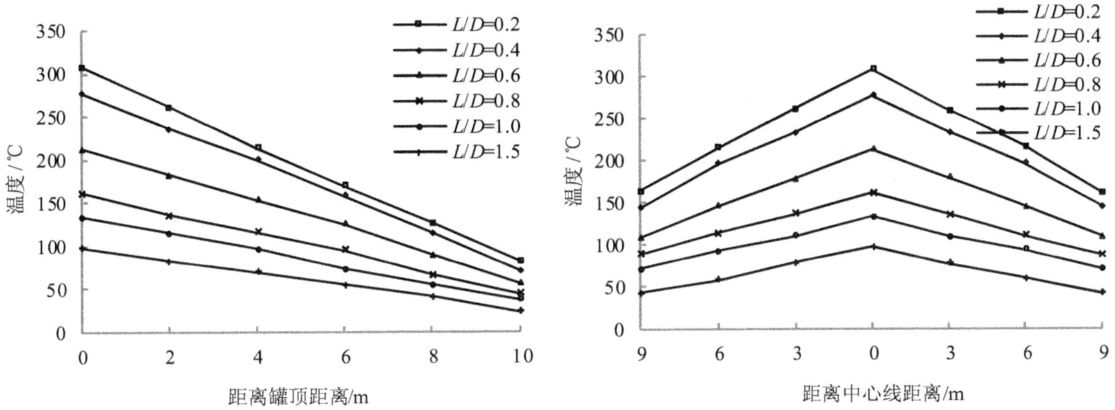

图 3.12　5 000 m³ 油罐温度分布

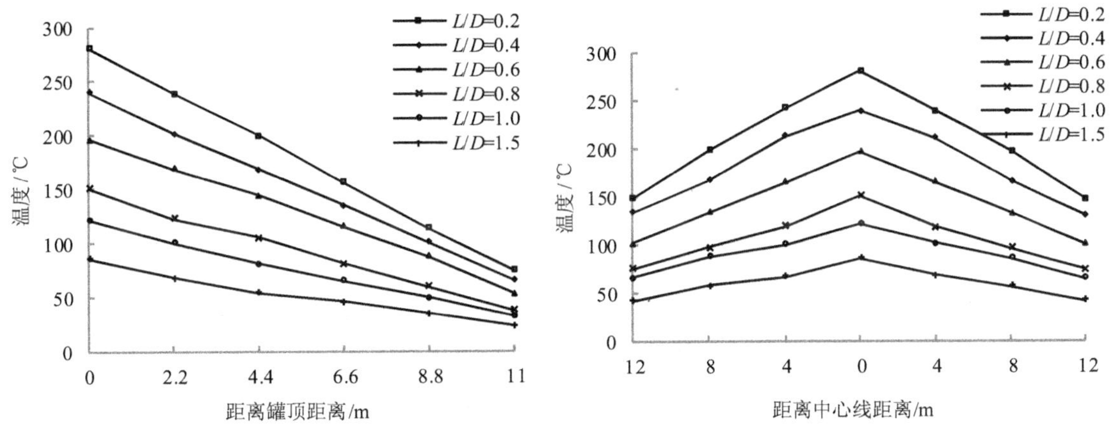

图 3.13　10 000 m³ 油罐温度分布

不同工况下，邻近罐正对火焰的罐顶处温度值最高，不同容积邻近罐上该点温度随时间变化趋势如图 3.14 至图 3.16 所示。

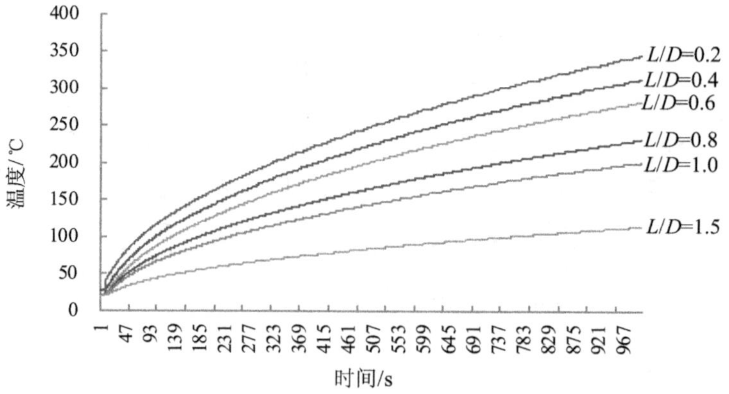

图 3.14　3 000 m³ 油罐最高温度随时间变化趋势

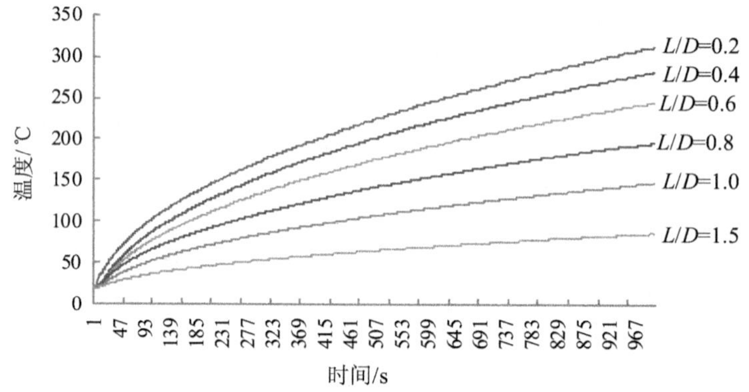

图 3.15　5 000 m³ 油罐最高温度随时间变化趋势

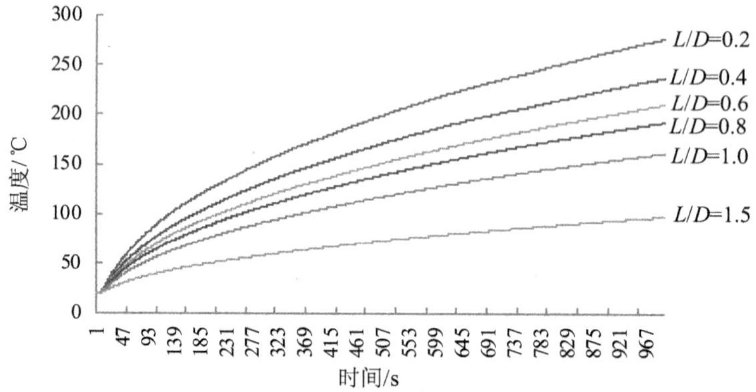

图 3.16　10 000 m³ 油罐最高温度随时间变化趋势

由图 3.14 至图 3.16 可知，邻近罐接收着火罐热辐射后，随着受热时间的延长，罐壁温度逐渐上升。由于初期邻近罐温度较低，罐壁热量损失较小，故温度迅速上升。随着燃烧时间的延长，罐壁向外的辐射能逐渐增强，温度上升趋势逐渐变缓。当无量纲量 L/D 相同时，3 000 m³ 油罐罐壁的温度最高，其次是 5 000 m³ 油罐，10 000 m³ 油罐罐壁的温度最低；当油罐容积相同时，L/D 越大，邻近罐温度值越低。

在模拟时间内，邻近罐最高温度值为 900 s 时正对火焰罐顶处的温度值，见表 3.9。

表 3.9　900 s 时邻近罐最高温度值(℃)

L/D	3 000 m³ 油罐	5 000 m³ 油罐	10 000 m³ 油罐
0.2	312	308	281
0.4	282	277	248
0.6	231	213	197
0.8	197	182	162
1.0	166	145	122
1.5	116	98	86

邻近罐最高温度值随 L/D 变化趋势如图 3.17 所示。

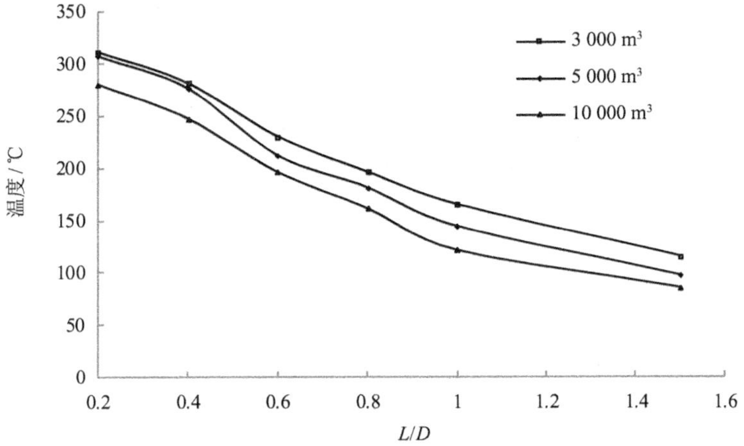

图 3.17　邻近罐最高温度随 L/D 变化趋势

拟合不同容积邻近罐 900 s 时最高温度值与 L/D 的关系模型，见表 3.10。

表 3.10　不同容积邻近罐 900 s 时最高温度值与 L/D 的关系模型

邻近罐容积 /m³	邻近罐罐壁最高温度值 T_1 与 L/D 的拟合关系（y 表示最高温度值；x 表示 L/D）	拟合度
3 000	$y=61.162x^2-259.52x+366.61$	R^2=0.995 3
5 000	$y=79.812x^2-303.35x+372.15$	R^2=0.991 2
10 000	$y=79.803x^2-292.5x+342.85$	R^2=0.992 5

根据表 3.10，已知无量纲量 L/D，通过模型可计算 3 000 m³、5 000 m³ 和 10 000 m³ 邻近罐 900 s 时的最高温度值。同理，模拟可得到任意时刻邻近罐最高温度值和 L/D 的关系模型，计算不同时刻、不同 L/D 时邻近罐的最高温度值。

2. 风速 3 m/s

大型储罐区通常在室外，火灾环境下，下风方向的邻近罐受着火罐热辐射增强。经模拟得到，当风速为 3 m/s 时，下风方向的邻近罐温度值比无风时整体升高，温度分布特征与无风时相似。为避免重复，下面只列出邻近罐罐壁最高温度值和温度值随 *L/D* 变化趋势。

在 3 m/s 风速下，900 s 时邻近罐温度值见表 3.11。

表 3.11 在 3 m/s 风速下邻近罐温度值(℃)及其增长率

L/D	3 000 m³ 油罐	增长率 /%	5 000 m³ 油罐	增长率 /%	10 000 m³ 油罐	增长率 /%
0.2	386	23.7	377	22.4	340	21.0
0.4	347	23.0	333	20.2	302	21.8
0.6	281	21.6	254	19.2	242	22.8
0.8	240	21.8	222	22.0	199	22.8
1.0	199	19.9	182	25.5	148	21.3
1.5	146	25.9	120	22.4	106	23.2

由表 3.12 可知，当风速为 3 m/s 时，着火罐下风方向的邻近罐罐壁 900 s 的最高瞬时温度值整体升高，对比无风时，罐壁最高温度值增长率为 19.2%~25.9%。当风速较大时，火焰在风速和本身回流力的作用下，火焰热辐射变化幅度较大，热辐射值不稳定，因此本书对风速较大环境不做研究。

邻近罐罐壁最高温度值随 *L/D* 变化趋势如图 3.18 所示。

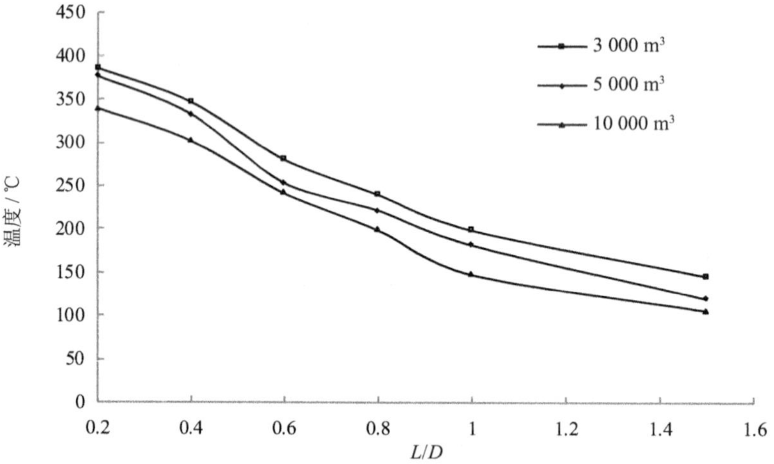

图 3.18 邻近罐罐壁最高温度值随 *L/D* 变化趋势

由图 3.18 可知，风速为 3 m/s 时，下风方向的邻近罐整体温度值高于无风环境，温度随 *L/D* 变化趋势与无风时一致，*L/D* 越大，同一探测点温度越低。

3.5.3　邻近罐热辐射分布

模拟时间为 900 s，5 000 m³ 油罐间距为 0.6*D*，着火罐和邻近罐热辐射场分布如图 3.19 所示。

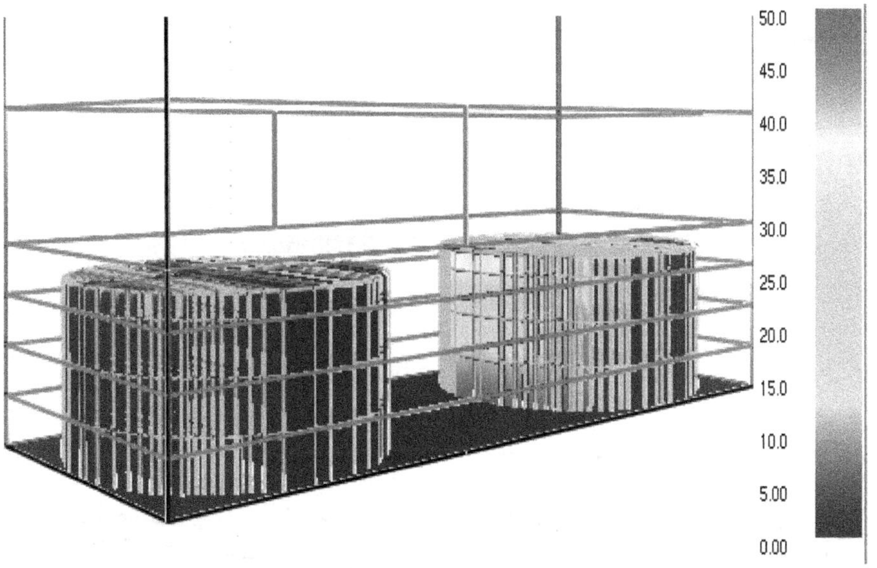

图 3.19　着火罐和邻近罐热辐射场分布(模拟时间为 900 s，5 000 m³ 油罐间距为 0.6*D* 时)

由图 3.19 可知，邻近罐离着火罐最近的面是受到热辐射危害最大的区域，且接近罐顶区域热辐射值最高，这与温度场分布特征一致。

1. 无风环境

经模拟得到不同工况下邻近罐热辐射场分布，选取邻近罐中心列和第一行探测点 900 s 时热辐射值进行分析，探测点热辐射值分布如图 3.20 至图 3.22 所示。

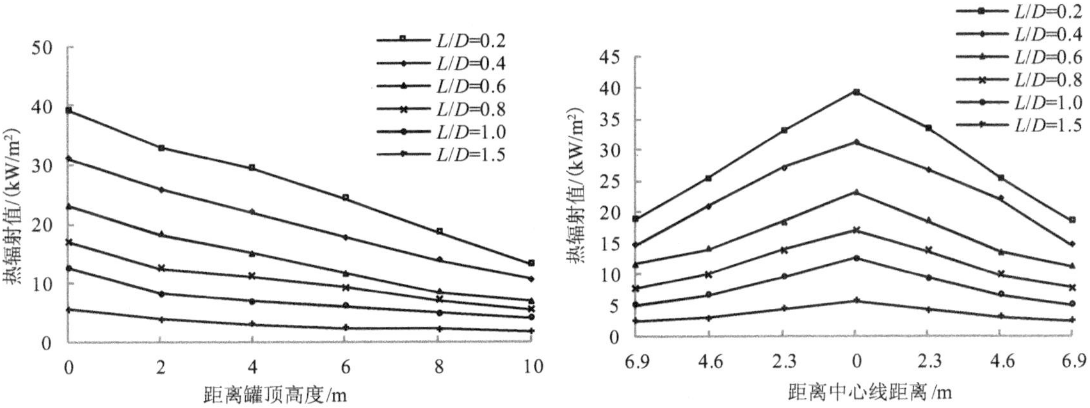

图 3.20　3 000 m³ 油罐热辐射值分布

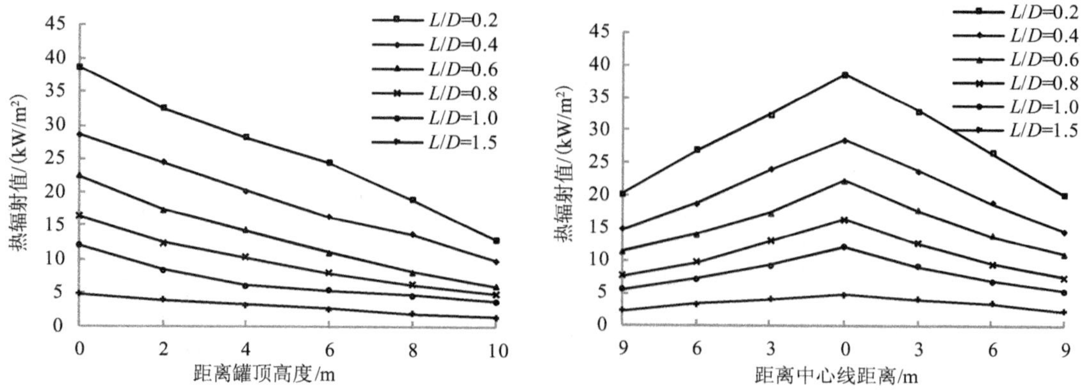

图 3.21　5 000 m³ 油罐热辐射值分布

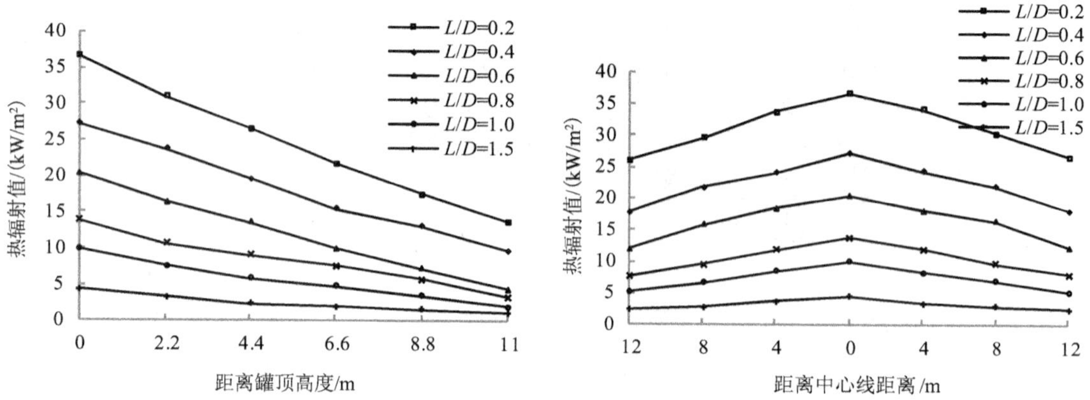

图 3.22　10 000 m³ 油罐热辐射值分布

由图 3.20 至图 3.22 可知，火灾环境下，邻近罐罐壁热辐射分布规律与温度分布规律相似。热辐射值随着无量纲量 *L*/*D* 的增加而降低，油罐间距越小，邻近罐整体热辐射值越高。当无量纲量 *L*/*D* 相同时，3 000 m³ 油罐的热辐射值最高，其次是 5 000 m³ 和 10 000 m³ 油罐。从罐顶到罐底热辐射值呈下降趋势，下降幅度为 52.1%~73.4%；从正对着火罐中心到两边热辐射值呈下降趋势，下降幅度为 48.1%~57.1%。罐壁热辐射通量最高区域位于正对着火罐的罐顶处。

由于模拟设定的火焰热辐射释放率为恒定值，因此在模拟时间 900 s 内邻近罐热辐射值较稳定，取 120 s 内罐顶最高热辐射值进行分析，热辐射值随时间变化趋势如图 3.23 至图 3.25 所示。

由图 3.23 至图 3.25 可知，邻近罐最高热辐射值在受到火焰热辐射 10 s 内快速上升，10 s 后就趋于稳定，随着火焰的跃动呈现波动变化，这主要是因为模拟中火焰热释放速率设定为恒定值，并没有考虑火焰的传播速度，属于理想情况。当无量纲量 *L*/*D* 相同时，3 000 m³ 油罐罐壁的热辐射值最高，其次是 5 000 m³ 和 10 000 m³ 油罐；当油罐容积相同时，*L*/*D* 越大，邻近罐热辐射值越低。热辐射值分布特征与温度值分布特征相近。

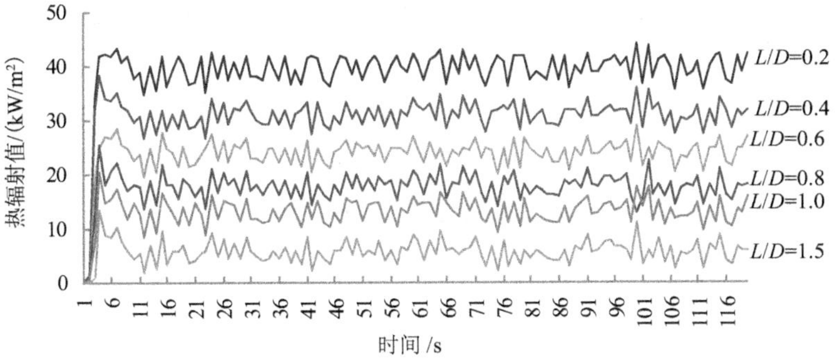

图 3.23　3 000 m³ 油罐最高热辐射值随时间变化趋势

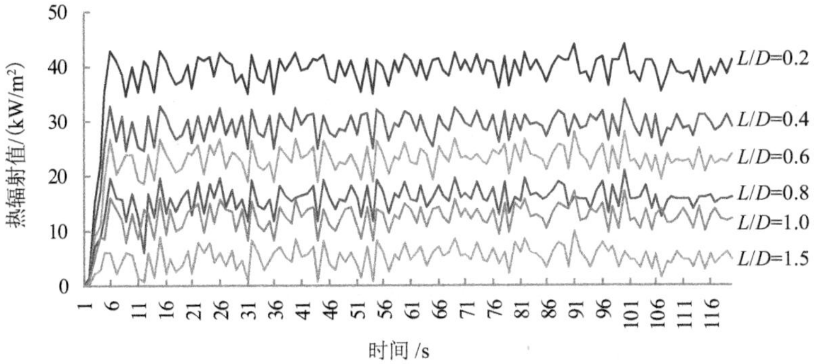

图 3.24　5 000 m³ 油罐最高热辐射值随时间变化趋势

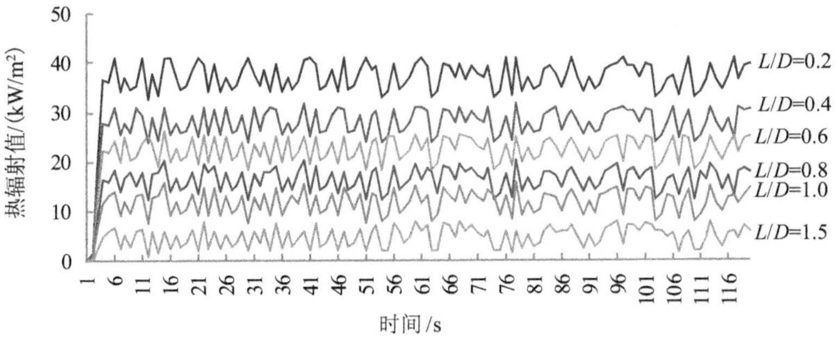

图 3.25　10 000 m³ 油罐最高热辐射值随时间变化趋势

在模拟时间内，邻近罐最高热辐射值为 900 s 时正对火焰罐顶处的热辐射值，见表 3.12。

表 3.12　最高热辐射值（kW/m²）

L/D	3 000 m³ 油罐	5 000 m³ 油罐	10 000 m³ 油罐
0.2	39.3	38.7	36.6
0.4	31.1	28.6	27.8
0.6	23.1	22.4	22.1
0.8	17.0	16.4	16.1
1.0	12.6	12.1	11.3
1.5	5.6	4.8	4.4

由表 3.13 可知，邻近罐热辐射值随无量纲量 L/D 的增加而降低，即距离着火罐越远，其所受热辐射强度越低。这主要是由于热辐射值与距离成幂次关系的缘故。热辐射变化趋势符合热辐射理论。当 L/D 相同时，3 000 m^3 油罐热辐射值最高，10 000 m^3 油罐热辐射值最低。

邻近罐最高热辐射值随 L/D 变化趋势如图 3.26 所示。

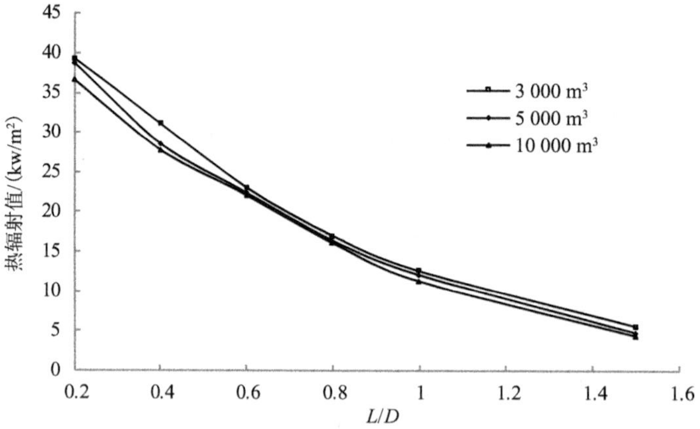

图 3.26　邻近罐最高热辐射值随 L/D 变化趋势

拟合不同容积邻近罐 900 s 时最高热辐射值与 L/D 的关系模型，见表 3.13。

表 3.13　不同容积邻近罐 900 s 时最高热辐射值与 L/D 的关系模型

邻近罐容积 /m^3	邻近罐罐壁最高热辐射值 Q_1 与 L/D 的拟合关系（y 表示最高热辐射值；x 表示 L/D）	拟合度
3 000	$y=15.723x^2-52.703x+49.316$	R^2=0.999 6
5 000	$y=15.291x^2-51.448x+47.745$	R^2=0.997 7
10 000	$y=13.289x^2-47.128x+45.207$	R^2=0.998 9

根据表 3.13，已知无量纲量 L/D，通过模型可计算 3 000 m^3、5 000 m^3 和 10 000m^3 邻近罐 900 s 时的最高热辐射值。同理，模拟可得到任意时刻邻近罐最高热辐射值和 L/D 的关系模型，计算不同时刻、不同 L/D 时邻近罐最高热辐射值。

2. 风速 3 m/s

模拟得到风速为 3 m/s 时下风方向的邻近罐罐壁热辐射值比无风时整体升高，罐壁上热辐射值分布规律与无风时相似。

在 3 m/s 风速下，900 s 时邻近罐热辐射值见表 3.14。

表 3.14　在 3 m/s 风速下邻近罐热辐射值(kW/m^2)及其增长率

L/D	3 000 m^3 油罐	增长率 /%	5 000 m^3 油罐	增长率 /%	10 000 m^3 油罐	增长率 /%
0.2	48.3	22.9	47.8	23.5	44.9	22.7
0.4	40.0	28.6	36.1	26.2	34.2	23.0
0.6	28.5	23.4	27.7	23.7	27.0	22.2

续表

L/D	3 000 m^3 油罐	增长率 /%	5 000 m^3 油罐	增长率 /%	10 000 m^3 油罐	增长率 /%
0.8	21.6	27.1	21.0	28.0	20.1	24.8
1.0	16.2	28.6	15.5	28.1	13.7	21.2
1.5	7.1	26.8	6.2	29.2	5.4	22.7

由表 3.14 可知，当风速为 3 m/s 时，着火罐下风方向的邻近罐罐壁热辐射值整体升高，对比无风时，热辐射通量增长 21.2%~29.2%，下风方向邻近罐接收的热辐射值增大，冷却水强度应相应增大。

邻近罐罐壁最高热辐射值随 L/D 变化趋势如图 3.27 所示。

由图 3.27 可知，风速为 3 m/s 时，下风方向的邻近罐整体热辐射值高于无风环境，热辐射值随 L/D 变化趋势与无风时一致，L/D 越大，同一探测点热辐射值越低。

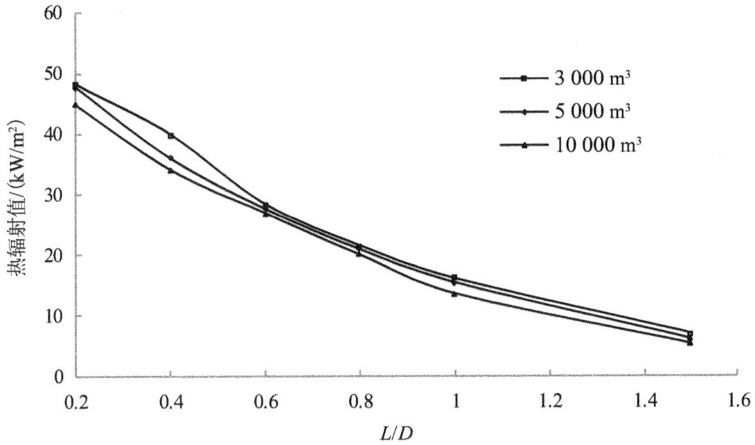

图 3.27　邻近罐罐壁最高热辐射值随 L/D 变化趋势

3.6　本章小结

（1）火灾环境下，邻近罐温度和热辐射分布特征为由罐顶到罐底、由正对着火罐中心到两边呈递减趋势，不同容积、不同时刻的邻近罐温度值和热辐射值最高点均为正对着火罐罐顶中心点。当油罐容积相同时，无量纲量 L/D 越小，邻近罐整体温度值和热辐射值越高。当 L/D 相同时，3 000 m^3 油罐温度值和热辐射值最大，10 000 m^3 油罐温度值和热辐射值最低。

（2）模拟得到 900 s 时邻近罐最高温度值、最高热辐射值与 L/D 的关系模型，同理可预测其他时间点不同 L/D 时罐壁最高温度值和最高热辐射值。

（3）有风环境邻近罐热辐射值和温度值高于无风环境，温度场和热辐射场分布近似。当风速为 3 m/s 时，最高温度值增长率为 14.6%~24.4%，最高热辐射值增长率在 21.2%~29.2%，有风环境时应适当增大冷却水强度，达到合理的冷却效果。

第4章 火灾环境下邻近罐冷却模拟研究

4.1 引言

本章对邻近罐进行固定水喷淋冷却模拟研究，开展邻近罐在不同水喷淋冷却作用下邻近罐热辐射削减率研究，通过研究油罐热辐射随冷却水强度的变化趋势建立合理的冷却水强度计算模型。

4.2 油罐冷却系统

4.2.1 冷却方式

油罐水冷却方式可分为固定式冷却和移动式冷却。由《石油库设计规范》（GB 50074—2014）可知，容积大于或等于 3 000 m^3 或罐壁高度大于或等于 15 m 的地上立式储罐，应设固定式消防冷却水系统。

根据本书研究对象，模拟选用固定式水冷却系统。固定式水冷却系统包括三种基本形式：罐壁漫流式、水喷雾式和固定水喷淋式。罐壁漫流式系统是在罐顶集中配水，使水流沿罐壁流到地面，其优点是冷却效果好、造价低；但是对于固定顶油罐，一旦发生火灾，罐顶会最先遭到破坏，冷却系统将不能起到保护作用。水喷雾式系统通常用于液化烃油罐。固定水喷淋式系统通常用于冷却油罐，《石油库设计规范》（GB 50074—2014）规定，储罐应设置水喷淋冷却系统，水喷淋形成的水膜可以起到抑制罐壁升温的作用，并保护罐体和防止火灾蔓延。

4.2.2 水喷淋冷却系统

《石油天然气工程设计防火规范》（GB 50183—2015）第 8.1.3 条规定，油罐水喷淋冷却系统一般由水源、供水主管、消防水泵、环形或圆弧形冷却水管、阀门和喷头等组成。油罐水喷淋冷却系统通常在油罐上层圈板处一周设置环形带孔眼的冷却水管，为节约用水，通常将环形冷却水管分成 4 段圆弧或 2 个半周圆分别控制。当冷却邻近罐壁时，通常开启面向火焰的半周水管进行水喷淋冷却。由于冷却水管孔眼容易堵塞，罐区水喷淋冷却系统常在冷却水管上安装水幕喷头。喷头设置参照《自动喷水灭火系统设计规范》（GB 50084—2017），喷头间距不大于 2 m，一个标准喷头最大保护面积为 12.5 m^2。

4.3　模拟条件及参数设定

4.3.1　模拟对象

模拟对象为 3 000 m^3、5 000 m^3 和 10 000 m^3 拱顶汽油罐，模型建立、网格划分及温度和热辐射探测点等设置同第 3 章。

4.3.2　油罐间距

《石化规》规定的拱顶油罐最小间距为 0.6D，由第 3 章的模拟结果可知，油罐间距越小，邻近罐接收的着火罐火焰热辐射值越高，因此邻近罐冷却水强度应满足最小罐间距要求，设置无量纲量 L/D=0.6。

4.3.3　冷却喷头设置

在邻近罐朝向着火罐火焰方向的半周罐壁上设置三圈水喷淋喷头，具体设计参数见表 4.1，喷头设置如图 4.1 所示。

表 4.1　油罐水喷淋冷却系统设计参数

参数名称	3 000 m^3 油罐	5 000 m^3 油罐	10 000 m^3 油罐
油罐高度	12.6 m	12.6 m	14.2 m
油罐直径	17.6 m	22.7 m	30.4 m
油罐表面积	696.8 m^2	898.4 m^2	1355.5 m^2
油罐周长	55.3 m	71.3 m	95.5 m
冷却面积	348.4 m^2	449.2 m^2	677.8 m^2
喷头间距	2 m	2 m	2 m
喷头总数	84 个	108 个	144 个
喷头圈数	3 圈	3 圈	3 圈
每圈喷头个数	28 个	36 个	48 个
半圈喷头个数	14 个	18 个	24 个
第一圈水管高度	12.5 m	12.5 m	14 m
第二圈水管高度	9.5 m	9.5 m	11 m
第三圈水管高度	6.5 m	6.5 m	8 m

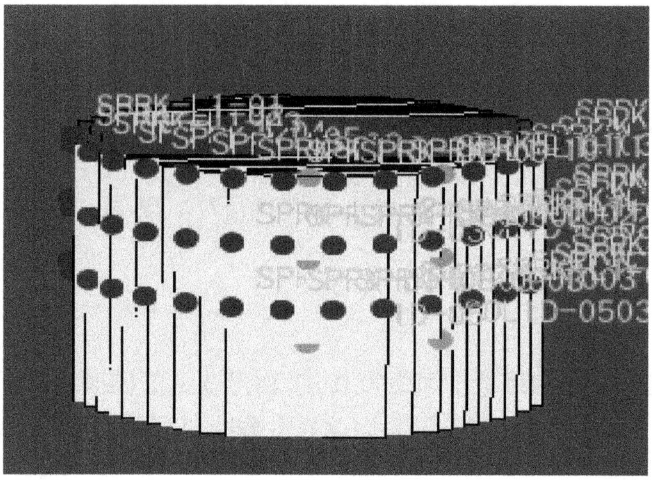

图 4.1 喷头设置

4.3.4 模拟喷淋强度

《石油化工企业设计防火标准（2018 年版）》（GB 50160—2008）》第 8.4.5 条规定，固定顶邻近罐冷却水强度为 2 L/（min • m^2）或 2.5 L/（min • m^2），为更好地研究比较不同冷却水强度对油罐热辐射的削减效果，分别设置冷却水强度为 2 L/（min • m^2）、2.5 L/（min • m^2）、3 L/（min•m^2）、4 L/（min•m^2）和 5 L/（min•m^2）。模拟喷淋强度见表 4.2。

表 4.2 模拟喷淋强度

冷却强度	3 000 m^3 油罐	5 000 m^3 油罐	10 000 m^3 油罐
强度 1	2 L/（min•m^2）	2 L/（min•m^2）	2 L/（min•m^2）
半周冷却水量	696.8 L/min	898.4 L/min	1 356 L/min
各喷头喷淋强度	16.6 L/min	16.7 L/min	17.4 L/min
强度 2	2.5 L/（min•m^2）	2.5 L/（min•m^2）	2.5 L/（min•m^2）
半周冷却水量	871 L/min	1 123 L/min	1 695 L/min
各喷头喷淋强度	20.7 L/min	20.8 L/min	21.7 L/min
强度 3	3 L/（min•m^2）	3 L/（min•m^2）	3 L/（min•m^2）
半周冷却水量	1 045 L/min	1 348 L/min	2 034 L/min
各喷头喷淋强度	24.8 L/min	25.0 L/min	26.0 L/min
强度 4	4 L/（min•m^2）	4 L/（min•m^2）	4 L/（min•m^2）
半周冷却水量	1 394 L/min	1 796 L/min	2 712 L/min
各喷头喷淋强度	33.1 L/min	33.3 L/min	34.7 L/min
强度 5	5 L/（min•m^2）	5 L/（min•m^2）	5 L/（min•m^2）
半周冷却水量	1 742 L/min	2 246 L/min	3 390 L/min
各喷头喷淋强度	41.4 L/min	41.6 L/min	43.4 L/min

4.4　模拟结果分析

油罐冷却前后罐壁热辐射场分布如图 4.2 所示。

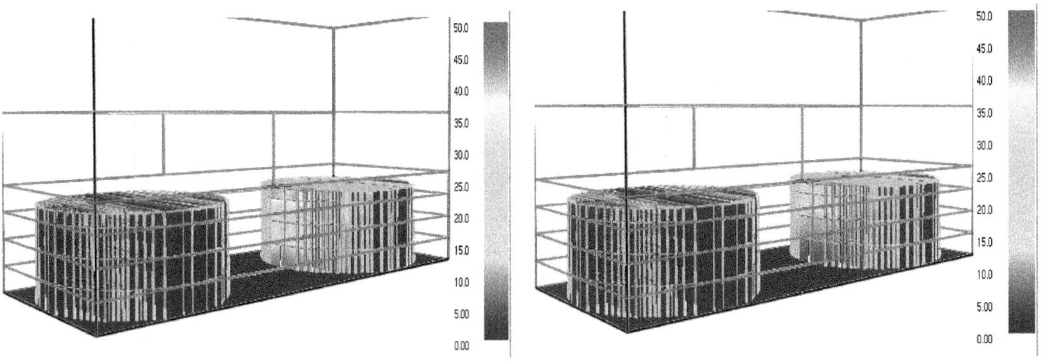

（a）冷却前　（b）冷却后

图 4.2　油罐冷却前后罐壁热辐射场分布

4.4.1　3 000 m^3 油罐

经模拟得到 3 000 m^3 油罐不同冷却水强度下最高热辐射值随时间变化趋势如图 4.3 所示。

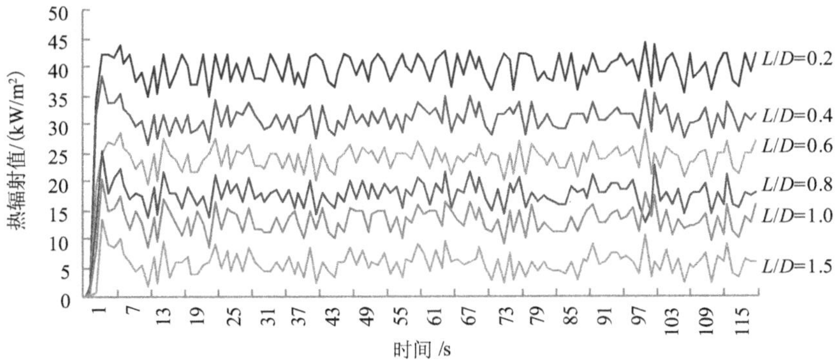

（a）无冷却

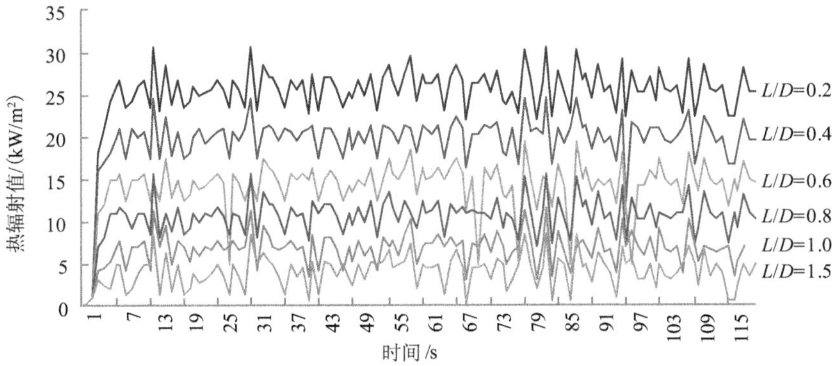

（b）2 L/（min·m^2）

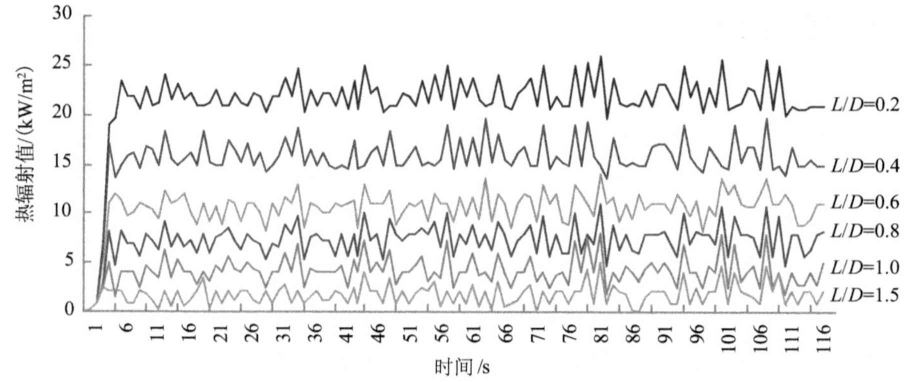

（c）2.5 L/（min•m²）

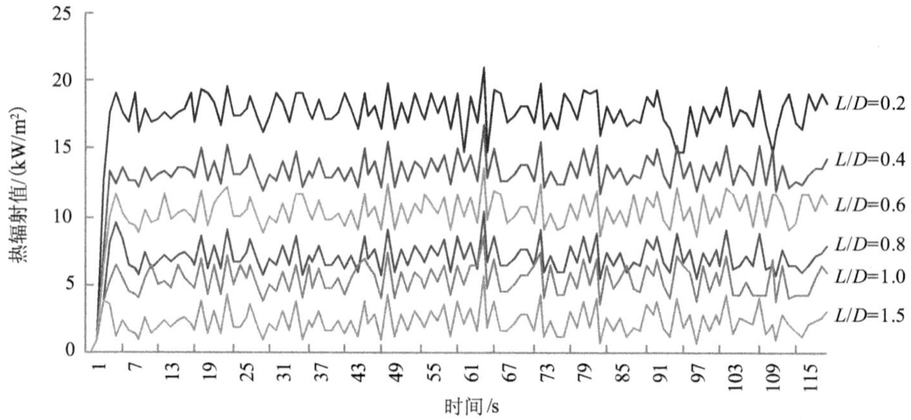

（d）3 L/（min•m²）

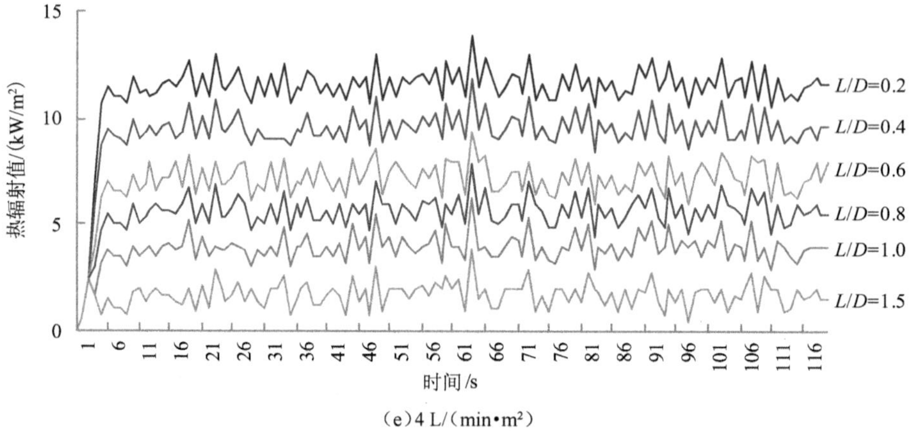

（e）4 L/（min•m²）

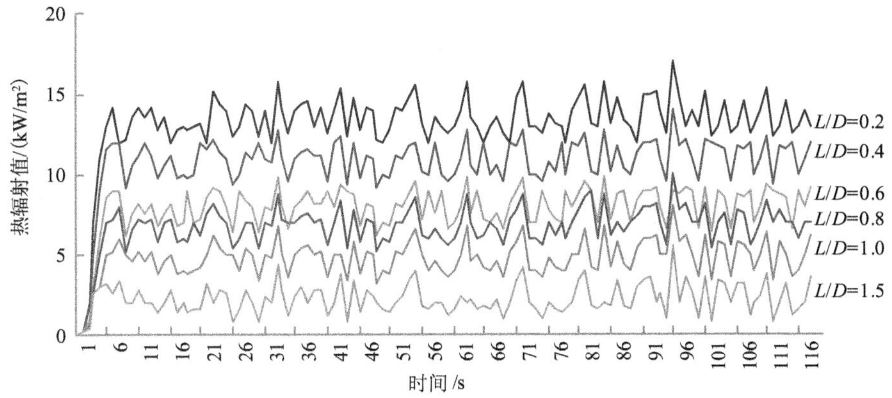

（f）5 L/（min•m²）

图 4.3　3 000 m³ 油罐不同冷却水强度下最高热辐射值随时间变化趋势

冷却水强度与热辐射削减率的关系曲线如图 4.4 所示，不同冷却水强度下 3 000 m³ 油罐热辐射削减率见表 4.3。

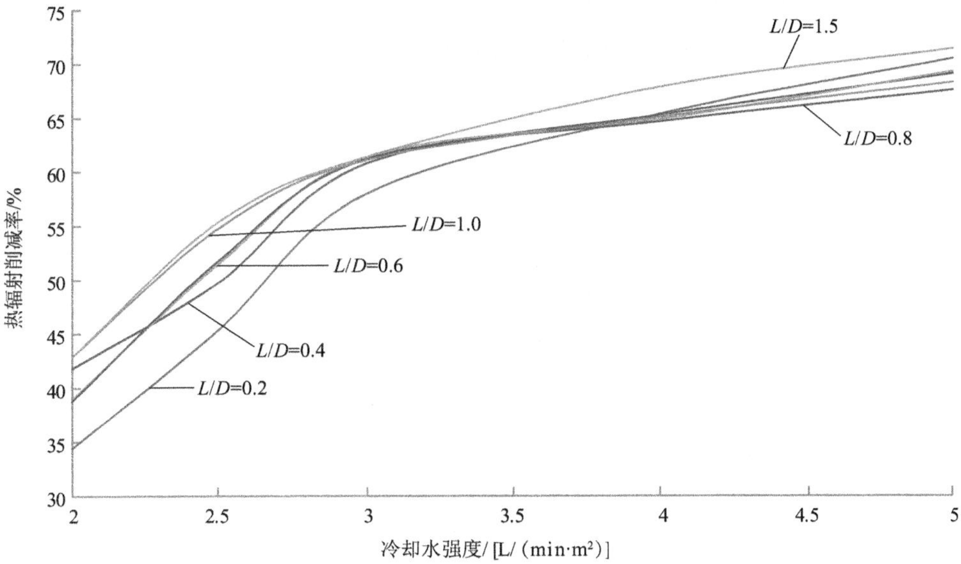

图 4.4　冷却水强度与热辐射削减率的关系曲线

表 4.3　不同冷却水强度下热辐射(kW/m²)削减率

L/*D*	0.2	0.4	0.6	0.8	1.0	1.5
无冷却	39.3	31.1	23.1	17.0	12.6	5.6
2 L/（min•m²）	25.8	18.1	14.1	10.4	7.2	3.2
削减率 /%	34.4	41.8	39.0	38.8	42.9	42.9
2.5 L/（min•m²）	21.5	15.6	11.2	8.2	5.7	2.5
削减率 /%	45.3	49.8	51.5	51.8	54.8	55.4

续表

L/D	0.2	0.4	0.6	0.8	1.0	1.5
3 L/（min•m²）	16.5	12.2	9.0	6.6	4.9	2.1
削减率 /%	58.0	60.8	61	61.2	61.1	62.5
4 L/（min•m²）	13.6	10.8	7.8	6.0	4.4	1.8
削减率 /%	65.4	65.3	66.2	64.7	65.1	67.9
5 L/（min•m²）	11.6	9.6	7.1	5.5	4.0	1.6
削减率 /%	70.5	69.1	69.3	67.6	68.3	71.4

其中，

$$\text{热辐射削减率}=\frac{\text{冷却前热辐射值-冷却后热辐射值}}{\text{冷却前热辐射值}}\times 100\%$$

由图 4.4 可知，3 000 m^3 油罐在冷却水强度为 2~3 L/（min • m^2）时，热辐射削减率由 34.4% 增加到 62.5%，冷却效果明显；当冷却水强度大于 3 L/（min • m^2）时，热辐射削减率继续增大，但增大的幅度变缓。由此可见，随着冷却水强度的增大，冷却效率开始下降。

当 L/D=0.6 时，邻近罐最高热辐射值与冷却水强度的关系曲线如图 4.5 所示。

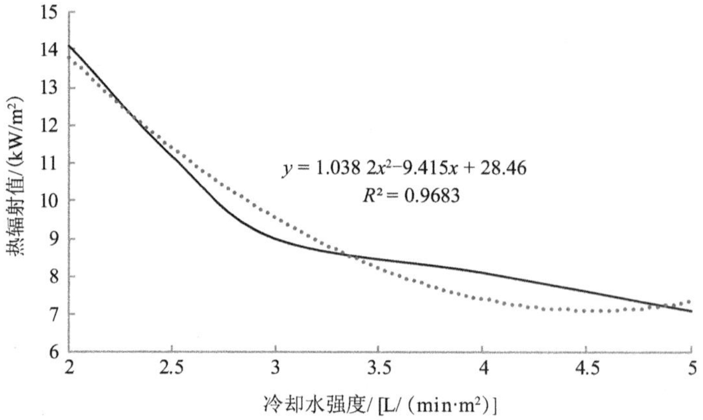

图 4.5 邻近罐最高热辐射值与冷却水强度的关系曲线（L/D=0.6）

得到拟合关系式如下：

$$y=1.038\,2x^2-9.415x+28.46 \tag{4.1}$$

式中：y 为 3 000 m^3 油罐最高热辐射值，kW/m^2；x 为冷却水强度，L/（min•m^2）。

4.4.2 5 000 m³ 油罐

经模拟得到 5 000 m^3 油罐不同冷却水强度下最高热辐射值随时间变化趋势如图 4.6 所示。

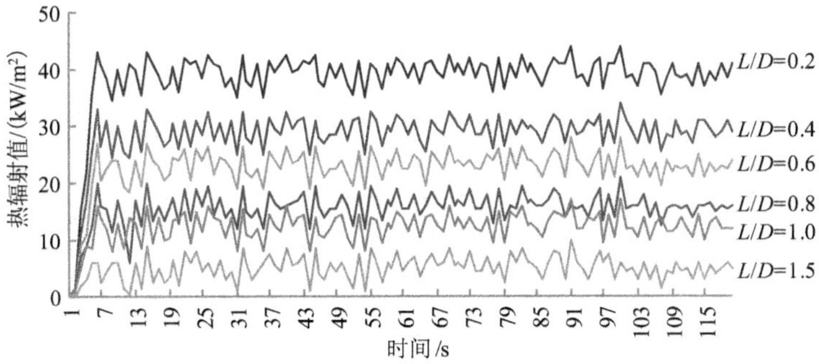

(a)无冷却

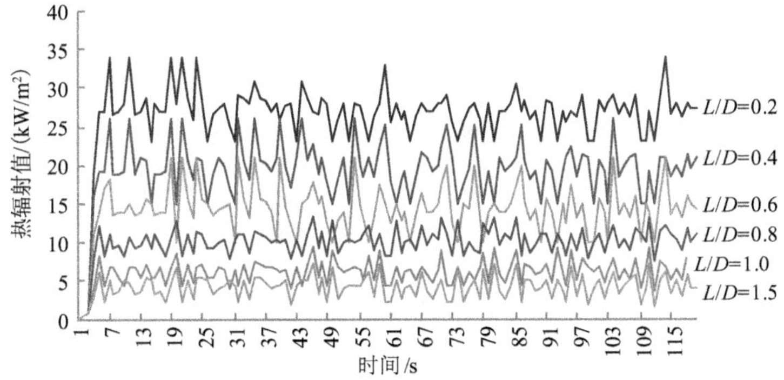

(b)2 L/(min•m²)

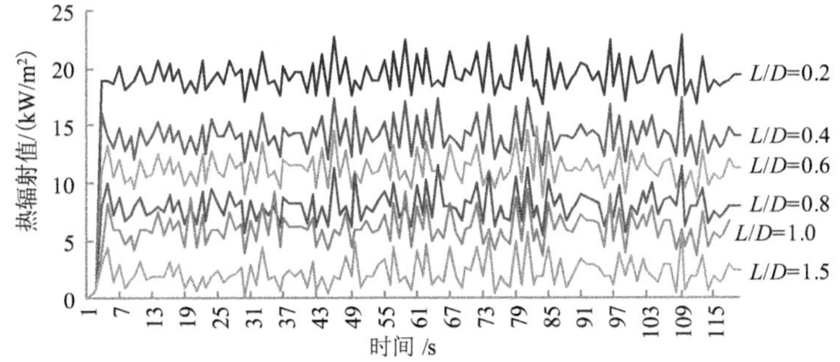

(c)2.5 L/(min•m²)

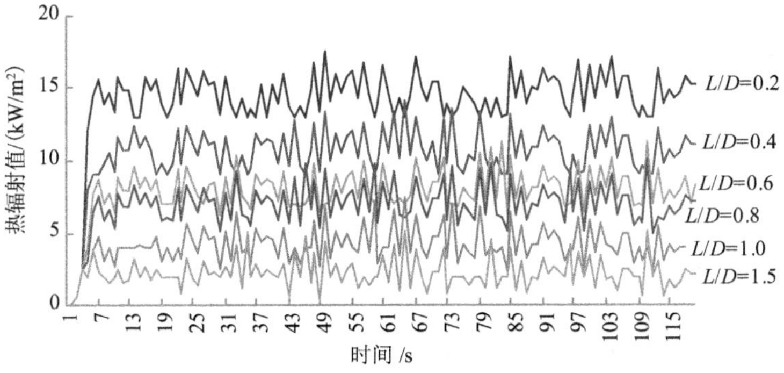

(d)3 L/(min•m²)

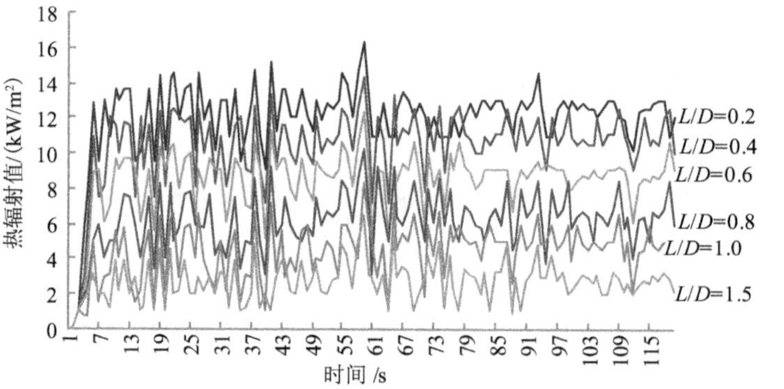

(e)4 L/(min•m²)

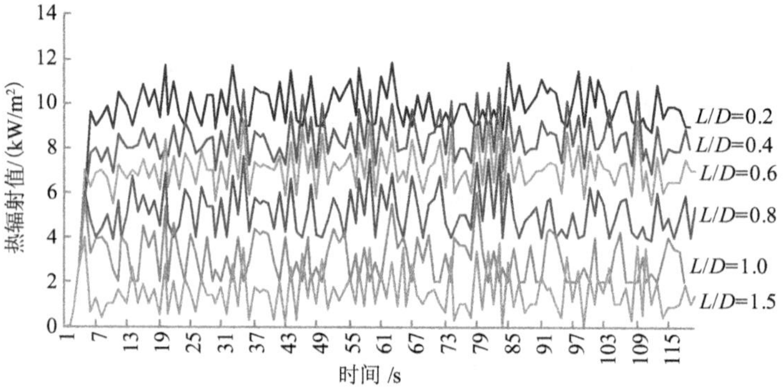

(f)5 L/(min•m²)

图 4.6 5 000 m^3 油罐不同冷却水强度下最高热辐射值随时间变化趋势

不同冷却水强度下 5 000 m^3 油罐热辐射削减率见表 4.4。

表 4.4 不同冷却水强度下热辐射(kW/m^2)削减率

L/D	0.2	0.4	0.6	0.8	1.0	1.5
无冷却	38.7	28.6	22.4	16.4	12.1	4.8
2 L/(min•m²)	27.1	18.5	14.6	10.5	7.8	3.1
削减率 /%	30.0	35.3	34.8	36.0	35.5	35.4
2.5 L/(min•m²)	20.4	14.1	11.3	8.2	6.1	2.5
削减率 /%	47.3	50.7	49.6	50.0	49.6	47.9
3 L/(min•m²)	15.2	11.1	8.3	6.9	4.6	2.0
削减率 /%	60.7	61.2	62.9	57.9	62.0	58.3
4 L/(min•m²)	13.1	10.0	7.6	6.1	4.2	1.8
削减率 /%	66.1	65.0	66.1	62.8	65.3	62.5
5 L/(min•m²)	10.3	8.4	7.0	5.4	4.0	1.4
削减率 /%	73.4	70.6	68.8	67.1	66.9	70.8

冷却水强度与热辐射削减率的关系曲线如图 4.7 所示。

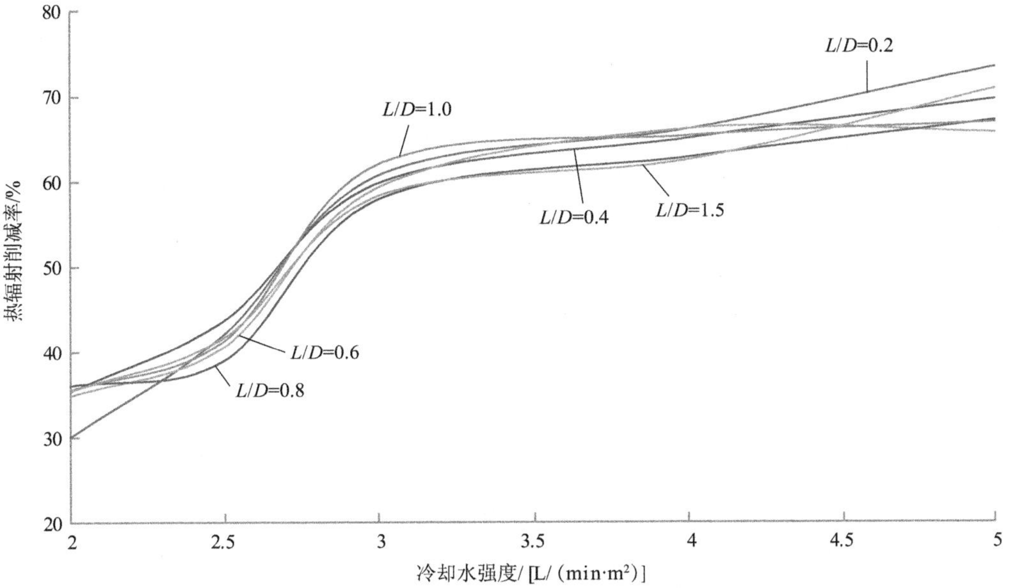

图 4.7　冷却水强度与热辐射削减率的关系曲线

由图 4.7 可知，5 000 m^3 油罐在冷却水强度为 2~2.5 L/（min・m^2）时，热辐射削减率增大幅度较为平缓，在 2.5~3 L/（min・m^2）时增大幅度较快，从 3 L/（min・m^2）开始增大幅度开始下降。这与 3 000 m^3 油罐模拟趋势一致。

当 L/D=0.6 时，邻近罐最高热辐射值与冷却水强度的关系曲线如图 4.8 所示。

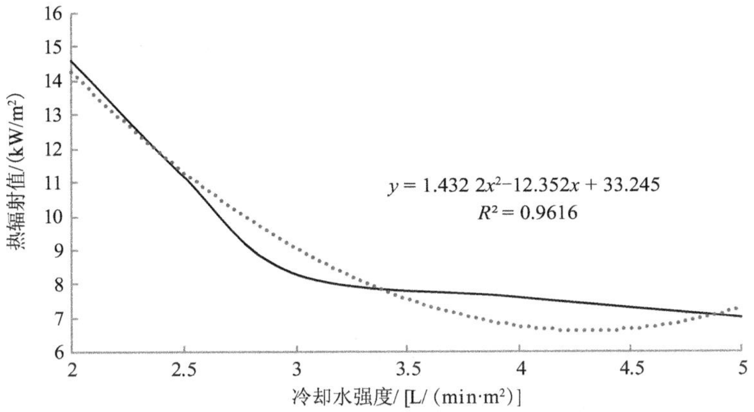

图 4.8　邻近罐最高热辐射值与冷却水强度的关系曲线（L/D=0.6）

得到拟合关系式如下：

$$y = 1.432\,2x^2 - 12.352x + 33.245 \tag{4.2}$$

式中：y 为 5 000 m^3 油罐最高热辐射值，kW/m^2；x 为冷却水强度，L/（min•m^2）。

4.4.3　10 000 m^3 油罐

经模拟得到 10 000 m^3 油罐不同冷却水强度下最高热辐射值随时间变化趋势如图 4.9

所示。

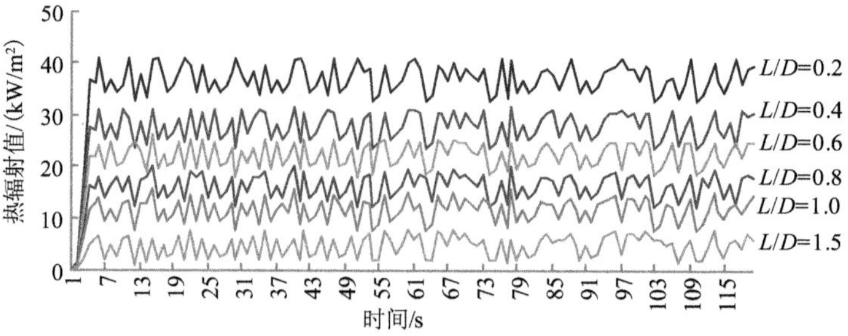

（a）无冷却

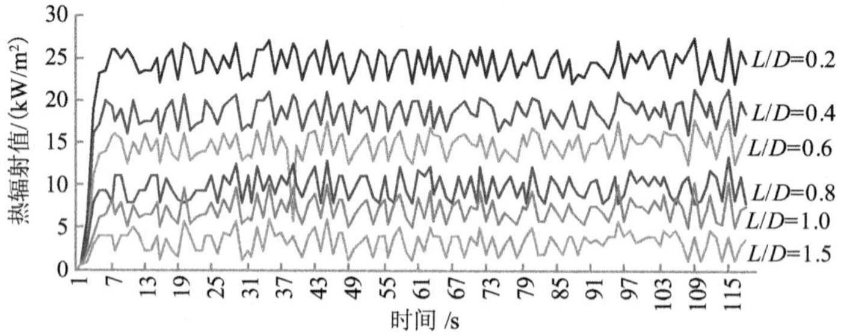

（b）2 L/（min•m²）

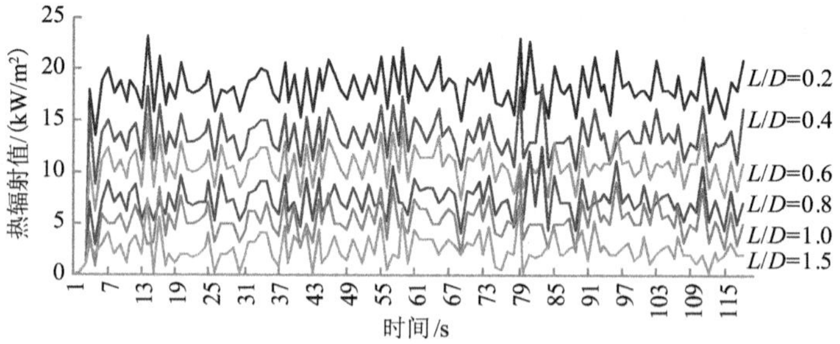

（c）2.5 L/（min•m²）

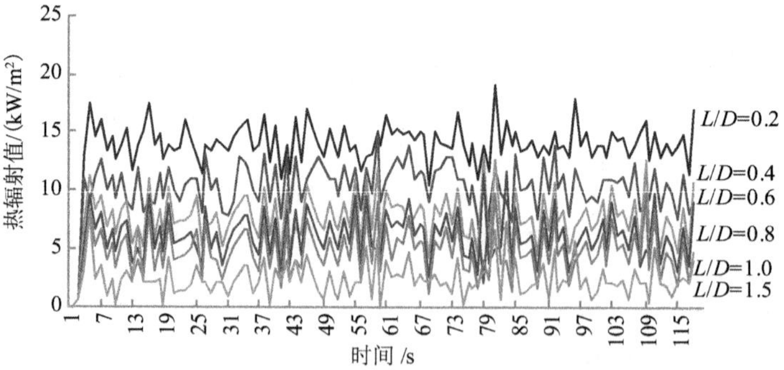

（d）3 L/（min•m²）

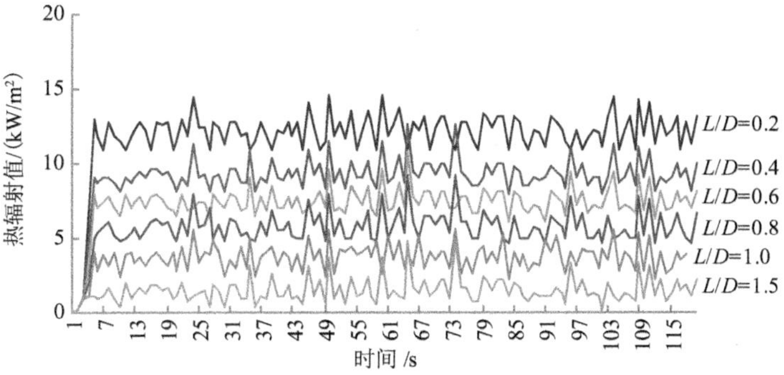

(e)4 L/(min•m²)

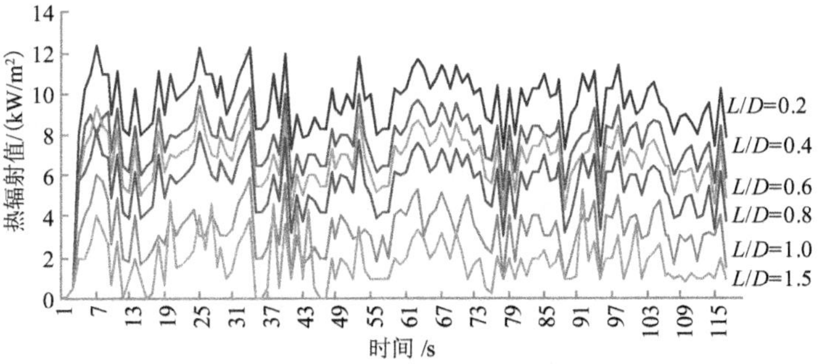

(f)5 L/(min•m²)

图 4.9　10 000 m³ 油罐不同冷却水强度下最高热辐射值随时间变化趋势

不同冷却水强度下 10 000 m³ 油罐热辐射削减率见表 4.5。

表 4.5　不同冷却水强度下热辐射(kW/m²)削减率

L/D	0.2	0.4	0.6	0.8	1.0	1.5
无冷却	36.6	27.2	22.1	16.1	11.3	4.7
2 L/(min•m²)	24.2	17.7	14.4	10.0	7.1	3.0
削减率 /%	33.9	34.9	34.8	37.9	37.2	36.2
2.5 L/(min•m²)	19.8	15.4	11.6	8.9	6.7	2.5
削减率 /%	45.9	43.4	47.5	44.7	40.7	46.8
3 L/(min•m²)	14.3	10.8	8.2	6.3	4.4	1.8
削减率 /%	60.9	60.3	62.9	60.9	61.1	61.7
4 L/(min•m²)	12.2	9.4	7.5	6.0	3.8	1.5
削减率 /%	66.7	65.4	66.1	62.7	66.4	68.1
5 L/(min•m²)	9.7	7.8	6.8	5.6	3.4	1.4
削减率 /%	73.5	71.3	69.2	65.2	69.9	70.2

冷却水强度与热辐射削减率的关系曲线如图 4.10 所示。

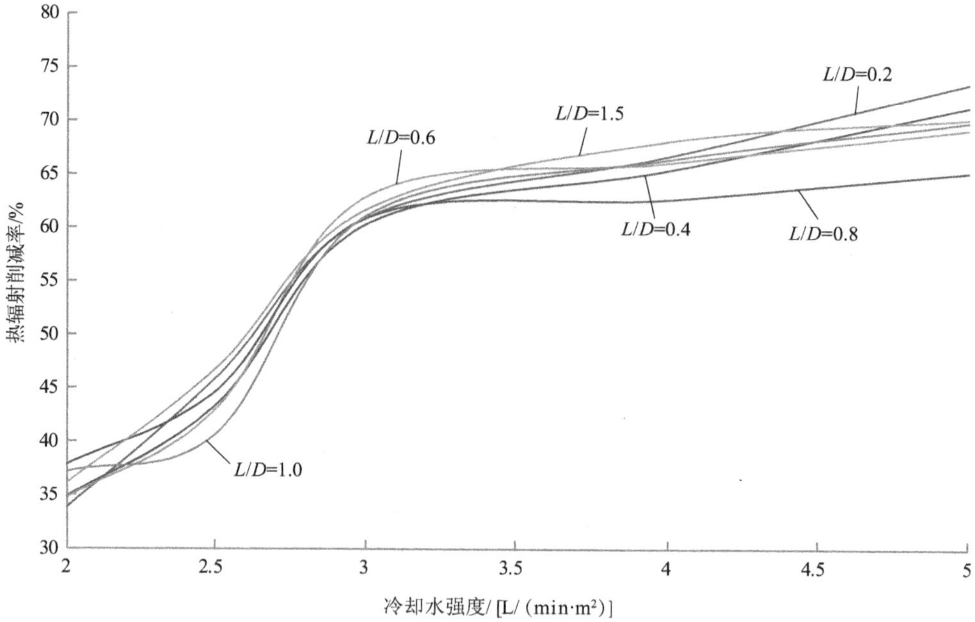

图 4.10　冷却水强度与热辐射削减率的关系曲线

由图 4.10 可知，10 000 m³ 油罐在不同冷却水强度作用下热辐射削减率变化规律与 3 000 m³ 和 5 000 m³ 油罐近似，冷却水强度达到一定值后，继续增大冷却水强度，冷却效率下降。

当 L/D=0.6 时，邻近罐最高热辐射值与冷却水强度的关系曲线如图 4.11 所示。

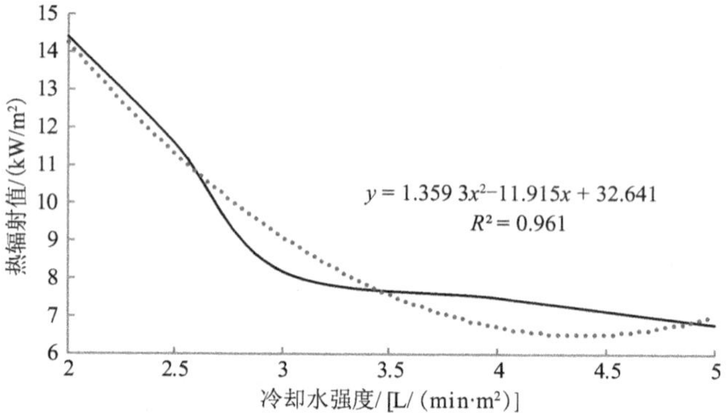

图 4.11　邻近罐最高热辐射值与冷却水强度的关系曲线（L/D=0.6）

得到拟合关系式如下：

$$y=1.359\,3x^2-11.915x+32.641 \tag{4.3}$$

式中：y 为 10 000 m³ 油罐最高热辐射值，kW/m²；x 为冷却水强度，L/（min•m²）。

4.5　不同热辐射临界值确定冷却水强度

热辐射是衡量油罐安全性的重要参数。英、美等国家根据油罐的热辐射值确定邻近罐的冷却水强度和防火间距等重要参数。通常要求油罐的热辐射值小于一个临界值，其中美国化学工程师协会（AIChE）规定的值为 13.5 kW/m²，英国石油协会规定的值为 8 kW/m²。我国石油化工装置设施的火灾热辐射破坏准则规定破坏临界值为 12.5 kW/m²。

邻近罐在冷却水作用下应使罐壁最大热辐射值低于热辐射临界值。由式（4.1）、式（4.2）和式（4.3）热辐射值和冷却水强度的关系模型，当邻近罐热辐射值等于热辐射临界值时，计算得到的冷却水强度是满足油罐安全的最小强度。邻近罐冷却水强度见表 4.6。

表 4.6　邻近罐冷却水强度

国家或组织	热辐射临界值 /（kW/m²）	3 000 m³ 油罐冷却水强度 /[L/（min•m²）]	5 000 m³ 油罐冷却水强度 /[L/（min•m²）]	10 000 m³ 油罐冷却水强度 /[L/（min•m²）]
英国石油协会	8	3.55	3.4	3.3
中国	12.5	2.24	2.15	2.25
美国化学工程师协会	13.5	2.05	2.3	2.1

根据我国《石化规》规定的固定顶邻近罐冷却水强度为 2.0 L/（min • m²）或 2.5 L/（min • m²），由表 4.6 可知，按照我国和美国规定的热辐射临界值计算邻近罐冷却水强度，得到 3 000 m³、5 000 m³ 和 10 000 m³ 油罐的冷却水强度在 2.05~2.3 L/（min • m²），我国规范规定的 2.5 L/（min • m²）满足冷却水强度要求，2.0 L/（min • m²）低于冷却水强度要求。按照英国石油协会规定的热辐射临界值 8 kW/m² 计算得到的冷却水强度均大于我国规范规定的标准强度。热辐射临界值不同，计算得到的邻近罐冷却水强度也不同，故要科学确定冷却水强度需要进一步确定邻近罐的热辐射临界值。

4.6　冷却水强度与热辐射削减率的关系模型

由油罐冷却模拟计算结果发现，3 000 m³、5 000 m³ 和 10 000 m³ 邻近罐在不同冷却水强度下热辐射不同，但热辐射削减率相近，当 L/D 为 0.6 时，五种冷却水强度下平均热辐射削减率分别为 36.2%、48.0%、57.0%、63.4% 和 68.1%。冷却水强度与热辐射削减率的关系曲线如图 4.12 所示。

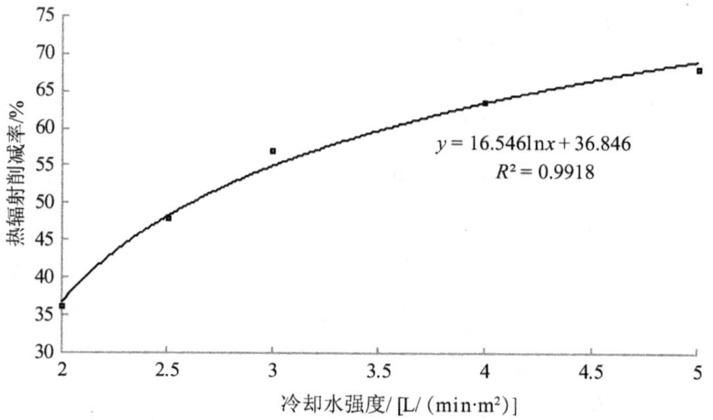

图 4.12　冷却水强度与热辐射削减率的关系曲线

得到拟合关系式如下：

$$y=16.546\ln x+36.846 \tag{4.4}$$

式中：y 为热辐射削减率，%；x 为冷却水强度，L/（min•m2）。

由式（4.4）可知，根据邻近罐的热辐射削减率可求得邻近罐最低冷却水强度。邻近罐热辐射削减率表达式为

$$\mathrm{y}=\frac{q''-q_0}{q''} \tag{4.5}$$

式中：y 为邻近罐热辐射削减率，%；q'' 为邻近罐接收的热辐射值，kW/m²；q_0 为临界热辐射值，kW/m²。

火灾环境下，邻近罐接收的热辐射值可由式（2.2）、式（2.3）和式（2.4）点源模型计算，得到：

$$q''=\frac{\dot{q}_{\mathrm{r}}\cos\theta}{4\pi l^2}=\frac{(0.21-0.034D)\ m^n H_{\mathrm{C}}A}{4\pi l^2} \tag{4.6}$$

由式（4.4）、式（4.5）和式（4.6），得到：

$$x=\mathrm{e}^{\frac{\frac{q''-q_0}{q''}-36.846}{16.546}}=\mathrm{e}^{-\frac{\frac{4\pi l^2 q_0}{(0.21-0.034D)\cdot m^n\cdot H_{\mathrm{c}}\cdot A}+35.846}{16.546}} \tag{4.7}$$

由式（4.7），得到：

$$x=0.029\mathrm{e}^{-\frac{\pi l^2 q_0}{m^n\cdot H_{\mathrm{c}}\cdot A}} \tag{4.8}$$

由式（4.8）可知，邻近罐冷却水强度由着火罐内燃料的质量燃烧速率、燃烧热、着火罐截面面积以及热辐射临界值等因素决定，同时也受到环境风速影响。由第 3 章模拟得到，风速为 3 m/s 时，下风方向的邻近罐热辐射值增加 20% 以上，对冷却水强度的要求也相应提高。由于各国规范对油罐热辐射临界值的规定不同，计算得到的邻近罐冷却水强度要求也不同。因此，石油储罐区设计冷却水用量时应充分考虑以上因素的影响。

4.7 本章小结

（1）火灾环境下，邻近罐在冷却水作用下热辐射值整体稳定降低，冷却水强度越大，热辐射值越小。随着冷却水强度持续加大，热辐射值削减率增大的幅度减小，冷却水的冷却效率降低。在同一冷却水强度下，3 000 m^3、5 000 m^3 和 10 000 m^3 油罐热辐射值削减率相近。

（2）当 L/D=0.6 时，3 000 m^3、5 000 m^3 和 10 000 m^3 邻近罐最大热辐射值与冷却水强度的关系模型。2.5 L/（min • m^2）满足按照我国和美国规定的热辐射临界值计算的冷却水强度要求，2 L/（min • m^2）低于冷却水强度要求。按照英国石油协会规定的热辐射临界值计算得到的冷却水强度均超出我国规范标准。

（3）基于冷却水对油罐的热辐射削减率建立冷却水强度计算模型，确定邻近罐冷却水强度与着火罐内燃料的质量燃烧速率、燃烧热以及热辐射临界值等多种因素有关。

第 5 章　油罐热变形有限元模拟研究

5.1　引言

油罐受热辐射发生变形不仅指宏观上的变形破坏，还包括罐壁材质受热后发生不可恢复的塑性变形。水对油罐的有效冷却是油罐在热辐射作用下不发生变形而失效的可靠保障。火灾环境下，邻近罐接收来自火焰的热辐射，油罐外壁温度迅速上升，热量通过热传导方式从外壁传导到内壁，罐壁在内外温度差的作用下产生热应力，并且随着温度的增加，热应力逐渐增加，当热应力大于罐壁屈服强度后油罐失效发生塑性变形。在接收热辐射的过程中，油罐处于非均匀的温度场中，罐壁接收热辐射后的变形过程复杂，属于热力耦合问题。本章利用 ANSYS 软件模拟着火过程，分析在非均匀温度场作用下的罐壁材料的强度变化特征和变形规律，建立温度与力学特征参量之间的关系。邻近罐受热后罐壁不发生变形的临界温度条件是判定邻近罐合理冷却水强度的重要依据。

5.2　油罐热变形有限元分析

ANSYS 软件可提供结构、流体、热学、磁学等单元模块，也可进行多物理场耦合的计算分析。通过多物理场耦合分析，将一个场的分析结果作为另一个场的输入源，如热力耦合问题。火灾环境下的邻近罐受着火罐热辐射作用后，罐外壁温度迅速上升，在热传导作用下，罐壁内部温度场分布不均匀，导致罐壁内部的热应力不同。采用 ANSYS 软件进行邻近罐热 - 结构耦合分析，应用多物理场间的耦合关系，通过非线性瞬态热分析，把求得的温度作为体载荷，分析罐壁的应力应变变化情况。

5.2.1　热分析

1. 稳态热分析

系统传热分为稳态传热和瞬态传热。如果系统的净热流率为 0，即系统自身产生的热量加上系统流入的热量等于系统流出的热量，则系统处于稳态热。稳态热条件可以表示为

$$Q_{gene}+Q_{in}=Q_{out} \tag{5.1}$$

式中：Q_{gene} 为系统自身产生的热量，J；Q_{in} 为系统流入的热量，J；Q_{out} 为系统流出的热量，J。

通常可在计算瞬态热分析前，利用稳态热分析求解初始温度分布。稳态热分析的基本过程如图 5.1 所示。

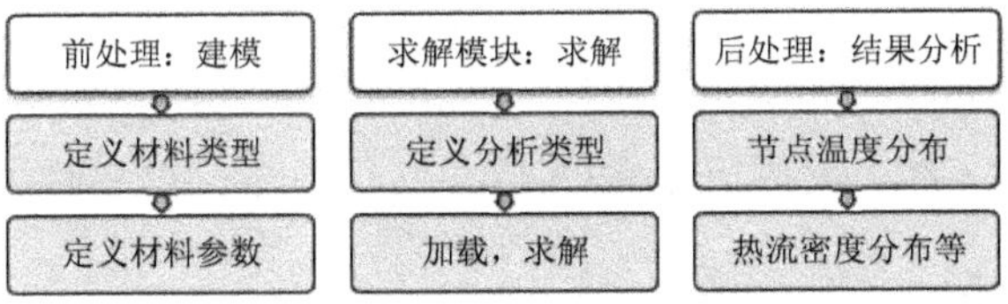

图 5.1　稳态热分析过程示意图

2. 瞬态热分析

瞬态传热过程是指系统加热或冷却过程，在这个过程中系统内能随时间有明显变化。ANSYS 软件可完成两部分的计算：第一部分是热学计算，完成瞬态传热计算；第二部分是结构力学计算，输入热学结果作为力施加载荷，完成油罐在温度载荷作用下的强度计算。瞬态热分析的热平衡表达式如下：

$$\{C\}\left\{\dot{T}\right\}+\{K\}\{T\}=\{Q\} \tag{5.2}$$

式中：$\{C\}$ 为比热矩阵；$\{K\}$ 为传导矩阵；$\{T\}$ 为节点温度向量；$\left\{\dot{T}\right\}$ 为节点温度对时间的导数；$\{Q\}$ 为节点热流率向量。

瞬态热分析的基本过程如图 5.2 所示。

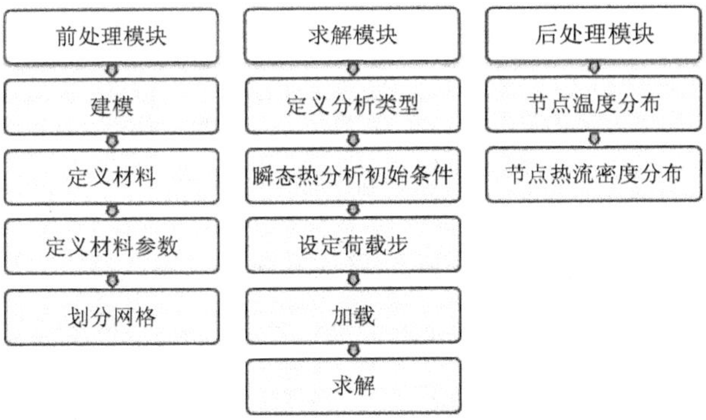

图 5.2　瞬态热分析过程示意图

5.2.2　结构分析

结构分析是有限元分析方法中最常用的应用领域，火灾环境下罐壁采用的结构分析是静力分析。通过计算得到罐壁在热载荷作用下应力、应变和位移等参数的变化。火灾环境下的油罐，在高温下由于罐壁的强度和弹性模量的下降，造成油罐发生塑性变形和弹性变形，塑性变形指物体在外力的作用下产生形变，当外力撤除后物体不能恢复原状的现象。当材料发生塑性变形，其应力与应变间为非线性变化关系，可通过对比分析材料的屈服应力和等效应力的大小判断大多数的金属是否发生塑性变形。von Mises 准则是最常使用的屈服准则，塑性变形的发生取决于等效应力是否超过了材料屈服极限，其中等效应力可表示为

$$\sigma_e=\sqrt{\frac{1}{2}\left[(\sigma_1-\sigma_2)^2+(\sigma_2-\sigma_3)^2+(\sigma_1-\sigma_3)^2\right]} \tag{5.3}$$

式中：σ_e为等效应力；σ_1、σ_2、σ_3为三个主应力。

5.2.3 热－结构耦合分析

ANSYS 软件的多物理场耦合分析是对两个或两个以上物理场之间的相互作用进行分析。火灾环境下，邻近罐罐壁受热辐射影响，罐壁的温度场分布不均匀，导致在结构场中产生热应力和热应变，同时高温也使油罐材质的物理性质发生变化，该变化可用 ANSYS 软件热 - 结构耦合来分析。储罐火灾热力耦合分析是通过载荷耦合法实现的，即温度场和位移场之间的耦合，温度场的节点温度结果作为结构静力学场中的体载荷的施加，载荷通过体或表面，由多场求解器定义求解顺序，耦合载荷在不同的网格间自动传递，用于稳态和瞬态计算。热力耦合分析流程如图 5.3 所示。

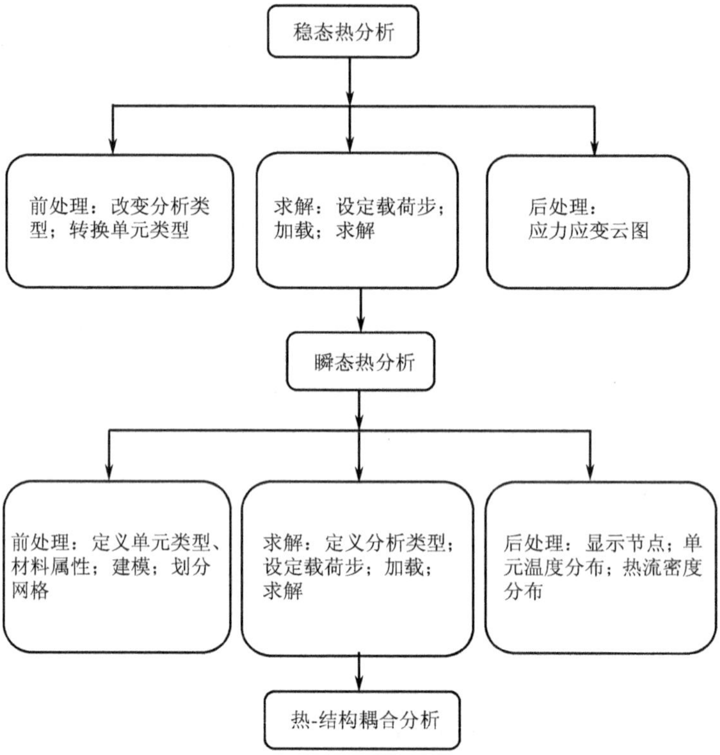

图 5.3 热力耦合分析流程图

5.3　油罐热变形有限元模拟

5.3.1　油罐材质基本属性

模拟大型拱顶油罐常用材料为 SPV490Q 钢，其部分力学性能参数见表 5.1。

表 5.1　SPV490Q 部分力学性能参数

参数	数值	参数	数值
屈服强度	≥490 MPa	抗拉强度	610~740/MPa
延伸率	>19%	弹性模量	2.1×10^{5} MTa
泊松比	0.3	热膨胀系数	1.2×10^{-5}
密度	7 850 kg/m^3	导热系数	60.5 W/（m•℃）
比热容	434 J/（kg•℃）		

5.3.2　模型建立和网格划分

ANSYS 软件热分析涉及的单元大约有 40 种，本书建立的油罐模型需要进行热 - 结构耦合分析，因此选择三维热分析单元 solid70 和 surf152，主要用于实体的稳态或瞬态热分析，能够对各种变化载荷和表面效应进行求解。本书研究的罐壁材质的应力、应变与温度的关系，不受油罐尺寸的影响，只与油罐材质和厚度有关，模型只建立罐壁部分，并选取圆柱体建模，且对底面进行约束，DOF=0，试样长度 L= 600 mm，外径 R=1 000 mm，壁厚 W= 5 mm，选取正四面体网格划分。具体建模与网格划分如图 5.4 所示。

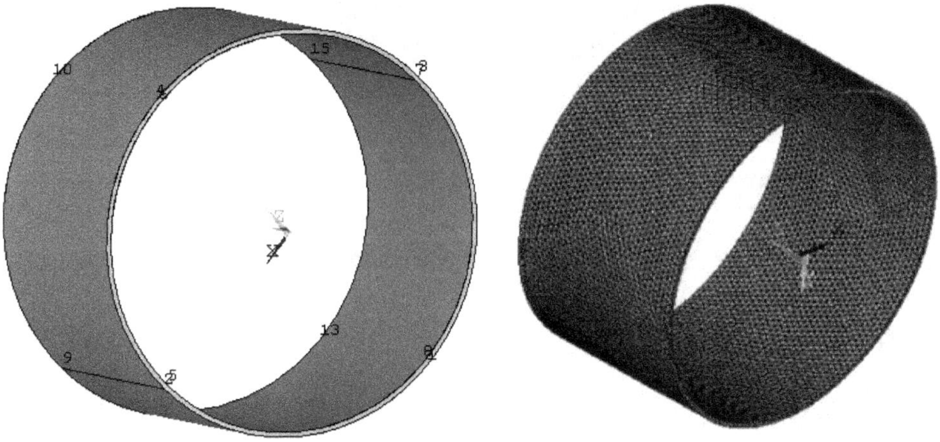

图 5.4　建模与网格划分

5.3.3 施加载荷

油罐变形的计算分为两步：第一步是施加温度载荷进行瞬态热分析，由于油罐在着火过程中内外存在温度差，因此内外壁施加不同的温度载荷，计算材料在温度场作用下的温度分布；第二步是转换单元类型，进行结构力学计算，将热分析计算的结果，即温度分布载荷作为结构力学的施加载荷计算热力耦合结果。在加载求解中，罐壁的初始温度设定为 20 ℃，取 10 个不同时间点对应的温度，以表变量的形式进行加载，温度载荷为 40 ℃、60 ℃、80 ℃、100 ℃、150 ℃、200 ℃、250 ℃、300 ℃、400 ℃、500 ℃；同时设置分析类型为瞬态热分析，加载时间设置为 500 s，时间步长取为 50 s。关闭时间积分，用默认的稀疏矩阵求解器进行求解。

5.4 模拟结果分析

模型一端约束施加不同温度热载荷，罐壁发生明显的应力集中现象，随着温度载荷的增大，罐壁最终发生失效变形。模拟求解后得到罐壁应力分布，其中温度载荷为 500 ℃时罐壁应力分布如图 5.5 所示。

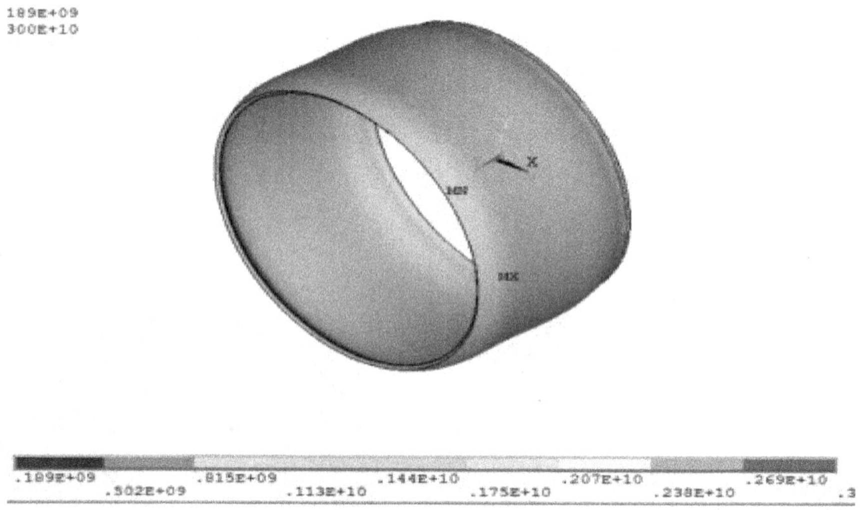

图 5.5　500 ℃时罐壁应力分布图

5.4.1 应力分析

模拟计算得到应力最大处的三向应力，即轴向应力、环向应力、径向应力值随温度的变化曲线如图 5.6 所示，

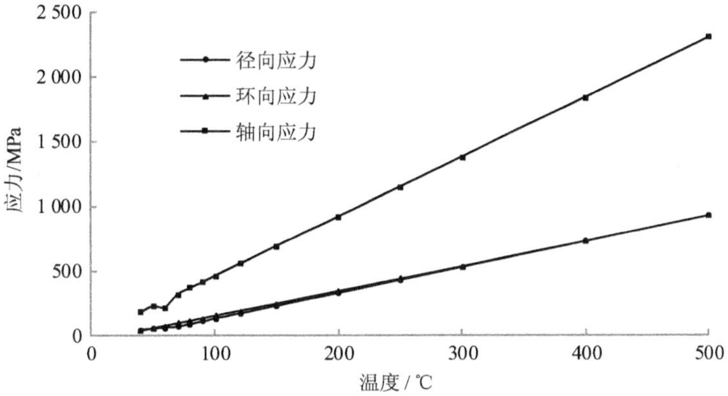

图 5.6　三向应力随温度的变化曲线

由图 5.6 可知，三向应力随着温度的升高而逐渐升高，应力随温度呈线性增长趋势。在同一温度作用下，轴向应力值增长最快，远大于环向应力和径向应力的增长速度，环向应力和径向应力随温度升高的增长趋势和速度基本一致，这说明材料在高温作用下沿轴向的变形最大。

等效应力与温度拟合的关系曲线如图 5.7 所示。

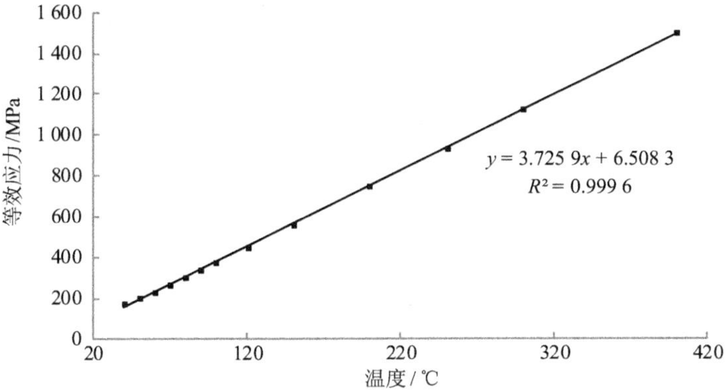

图 5.7　等效应力与温度拟合的关系曲线

由图 5.7 可知，随着温度升高，罐壁的应力以近似线性方式增大，利用数学工具根据温度变化的曲线进行拟合，可得到等效应力随温度变化的函数 $\sigma=f(T)$，其中 T 为温度，单位为℃；σ 为应力，单位为 MPa。具体拟合函数式如下：

$$\sigma = 3.725\,9T + 6.503\,8 \tag{5.4}$$

其拟合度 $R^2=0.999\,6$。

研究火灾环境下罐壁上的应力变化，应熟悉罐壁材料在不同温度下的力学性能随温度的变化情况，这是研究罐壁受热应力变化的重要数据。当高温作用时，金属罐壁材质的物理性能和力学性能会随温度升高发生变化，其中相关参数有热导率、密度、比热、屈服强度、弹性模量、泊松比和热对流系数等。通过查阅事故资料得知，火灾环境下邻近罐在热辐射的作用下会发生罐壁应力失效，失效机理是随着罐壁温度升高，罐壁材质的屈服强度不断降低，在热应力的作用下，当屈服强度低于所受应力时，罐壁会发生塑性变形而失效。

国外钢结构性能研究的权威机构——欧洲钢结构协会（ECCS）根据大量的试验研究给出了钢的屈服强度随温度变化的计算公式：

$$\frac{\sigma_T}{\sigma_{20}}=1+\frac{T}{767\ln\left(\frac{T}{1\,750}\right)} \quad 0℃\leqslant T\leqslant 600℃ \tag{5.5}$$

$$\frac{\sigma_T}{\sigma_{20}}=108\frac{1-\frac{T}{1\,000}}{T-440} \quad T>600℃ \tag{5.6}$$

式中：σ_T为温度T时的罐壁材料屈服强度；σ_{20}为温度 20 ℃时的罐壁材料屈服强度；T为罐壁材料的实时温度。

利用以上公式计算 SPV490Q 钢在不同温度作用下的屈服强度见表 5.2。

表 5.2 SPV490Q 钢在不同温度下的屈服强度值

温度 /℃	20	40	60	80	100	150	200	250
屈服强度 /MPa	490	483	479	473	468	451	431	408
温度 /℃	300	400	500	600	700	800	900	1 000
屈服强度 /MPa	381	316	234	132	61	29	12	0

SPV490Q 钢屈服强度随温度的变化曲线如图 5.8 所示。

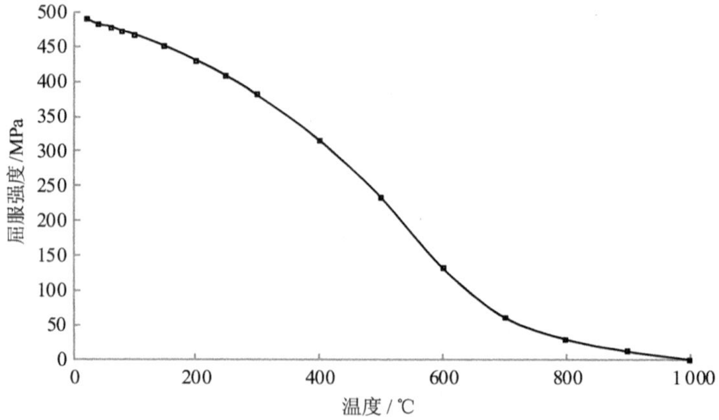

图 5.8 SPV490Q 钢屈服强度随温度的变化曲线

由表 5.2 和图 5.8 可知，随着温度的升高，SPV490Q 钢的屈服强度逐渐下降，在 200 ℃前下降趋势较缓慢；在 200 ℃后，屈服强度迅速下降；到 1 000 ℃时，由公式计算的屈服强度接近为 0。这说明此材质罐壁在热辐射作用下，随着罐壁温度上升，屈服强度下降明显，当屈服强度低于所受应力时，罐壁发生变形。

不同温度载荷下油罐应力和屈服强度见表 5.3。

表 5.3　不同温度载荷下油罐应力与屈服强度

温度 /℃	应力 /MPa	屈服强度 /MPa
40	176	483
60	229	479
80	300	473
100	371	468
120	456	461
150	558	451
200	750	431
250	938	408
300	1 130	381
400	1 500	316
500	1 880	234

罐壁屈服强度与等效应力随温度的变化曲线如图 5.9 所示。

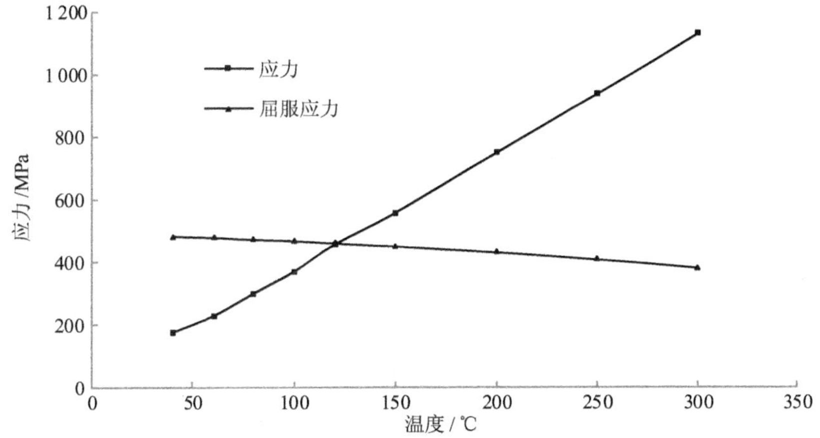

图 5.9　罐壁屈服强度与等效应力随温度的变化曲线

由图 5.9 可知，随着温度升高，罐壁应力逐渐增大，屈服强度逐渐下降。仿真计算的结果与式(5.4)计算所得的屈服强度进行对比，两条曲线相交的点是屈服强度与总应力值相等的点，罐壁温度为 120 ℃时，总应力为 456 MPa，接近材料的屈服强度 461 MPa；当温度低于 120 ℃时，应力值小于屈服强度值，罐壁强度满足安全要求；当温度超过 120 ℃后，材料的应力继续增大，屈服强度继续下降，应力值开始超出屈服强度值，罐壁因为结构强度不足而发生屈服破坏。因此，可以认为 120 ℃是该材料发生塑性变形的临界温度。

5.4.2　应变分析

不同温度下三向应变值如图 5.10 所示。

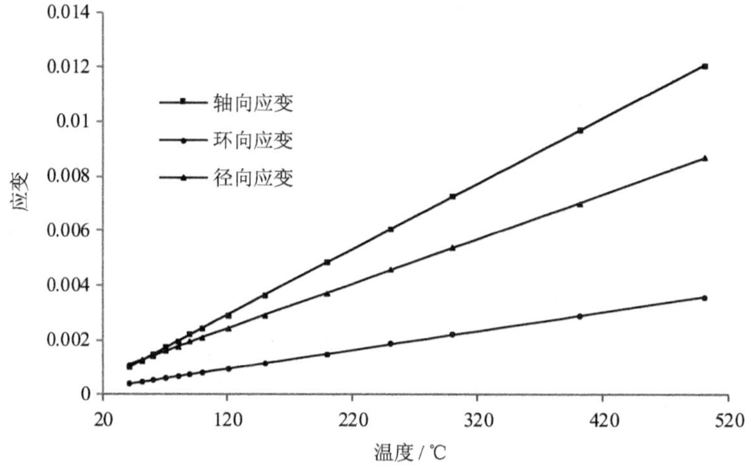

图 5.10　不同温度下三向应变值

由图 5.10 可知，应变随温度升高呈线性增长，温度越高，应变越大。在同一温度作用下，轴向应变最大，其次是径向应变，环向应变最小。应变和应力随温度的变化趋势一致。

等效应变与温度的拟合关系曲线如图 5.11 所示。

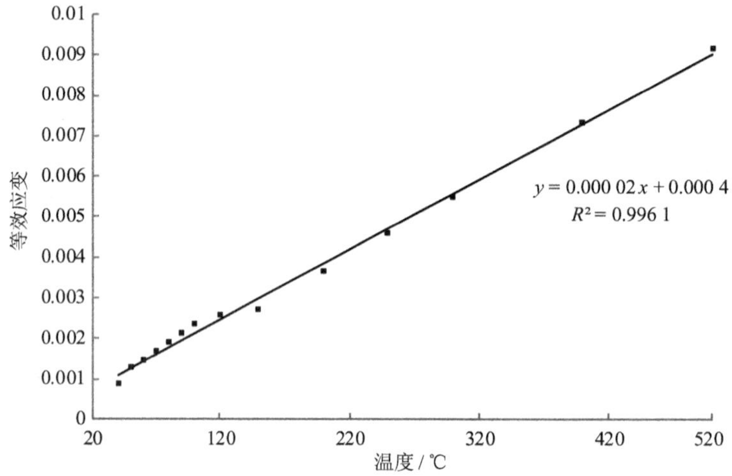

图 5.11　等效应变与温度的拟合关系曲线

由图 5.11 可知，等效应变随温度升高接近呈线性增长，温度越高，应变越大，且拟合关系式如下：

$$y = 0.000\,02x + 0.000\,4 \qquad (5.7)$$

其拟合度 $R^2 = 0.996\,1$。

5.5　本章小结

根据邻近罐罐壁表面的热辐射强度分布特点，借助有限元分析软件，模拟火灾环境下油罐罐壁应力随温度的变化规律，得到如下结论。

（1）通过对不同内外壁温差作用下的罐壁瞬态热力学分析获得了应力、应变随温度升高的变化特点，即均呈近似线性增加趋势，其中轴向应力、应变值最大；并得到罐壁应力、应变与温度的关系模型。

（2）分析 SPV490Q 钢随温度升高应力和屈服强度的变化，当温度达到 120 ℃时，其总应力接近屈服强度，故可将 120 ℃作为该材质产生塑性变形的临界温度。

第 6 章　油罐冷却试验研究

6.1　引言

油罐火灾的特性研究受到环境、资金以及安全性等因素的限制，进行大尺寸试验较为困难，故国内外科研人员在研究油罐火灾时常利用小尺寸油罐进行试验，以得到油罐火灾的特性规律。为验证计算机模拟结果，综合考虑其可行性、试验成本等因素，本章将设计和建立油罐冷却试验装置，开展小尺寸油罐火灾的冷却试验和油罐受热应变特征试验研究。

6.2　试验装置

油罐冷却试验装置主要由试验油罐、数据测量及采集系统、试验冷却装置三部分组成。

6.2.1　试验油罐

试验中设置着火罐和邻近罐，由式（2.18）可知，邻近罐接收的来自火焰的热辐射取决于着火罐内燃料的质量燃烧速率、燃烧热、着火罐直径以及火焰到邻近罐的距离等因素，在不影响试验结果的条件下，为节省资金，着火罐以直径相同的油盘代替。

（1）油盘：设计制作高度为 0.2 m，直径分别为 0.4 m、1.0 m 和 1.8 m 的三个圆形油盘作为着火罐，油盘采用的材料为普通铸铁，壁厚为 3 mm，能够满足油罐着火过程中的性能要求。

（2）油罐：设计加工小尺寸油罐作为邻近罐，油罐材质为 SPV490Q 钢。参照 10 000 m^3 拱顶罐尺寸——直径 30.4 m、高 14.2 m，径高比约为 2.14，设计试验油罐尺寸为直径 1.8 m、高 0.8 m，罐底距离地面 0.2 m。按照规范要求的最小壁厚 5 mm，设计壁厚为 6 mm。其中，油罐顶部设置一圈钢质冷却环管，环管直径为 40 mm，距离罐壁 0.1 m，环管朝向罐壁一侧设置 57 个喷水孔，喷水孔正对罐壁，孔径为 5 mm，孔间距为 0.1 m。冷却环管与罐壁上的进水管连接，通过标准型号的消防水带连接水系统。罐底设计 4 个滚轮，以方便油罐移动。油罐还设计了固定泡沫灭火系统，为今后研究油罐火灾扑救提供试验条件。

试验中将油盘放置在高 0.8 m 的特制铁架上，保持油盘和邻近罐高度一致。油盘、油罐实物图如图 6.1 所示。

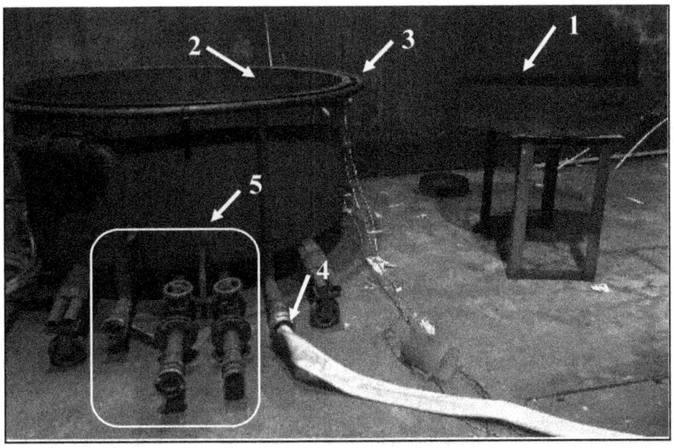

图 6.1　油盘和油罐实物图

1—油盘；2—油罐；3—冷却环管；4—进水管；5—固定泡沫灭火系统

6.2.2　数据测量及采集系统

数据测量及采集系统包括数据采集仪、计算机、热电偶和热通量传感器、数据连接线以及安放热电偶和热通量传感器的铁架等。

1. 数据采集仪

试验采用福禄克 F2635 A 便携式数据采集仪，具有可插拔的通用输入模块，直流电压、交流电压、热电偶、热电阻、电阻或频率测量的任意组合都可以被连接到输入模块，而无须额外的信号调理。本章试验中配用热电偶和热辐射通量传感器测量温度值和热辐射值，数据采集仪具有可插入的存储器卡用以储存数据，20 个测量通道可以储存 42 000 个以上的读数，记录的数据包括通道号、测量值、时间和累加计数等。数据采集仪读取数据时间可设，试验中设置为每 5 s 读取一次数据。数据采集仪实物图如图 6.2 所示。

图 6.2　数据采集仪实物图

福禄克 F2635A 便携式数据采集仪的技术参数见表 6.1。

表 6.1 数据采集器技术参数

参数			参数		
直流电压	量程：	90 mV ~ 300/150 V	电阻	量程：	300 Ω ~ 10 MΩ
	分辨率：	1 μV ~ 10 mV		分辨率：	10 mΩ ~ 1 kΩ
	准确度：	（3-Sigma）± 0.018%		准确度：	（3-Sigma）± 0.013%
交流电压	量程：	90 mV ~ 300/150 V	频率	量程：	15 Hz ~ 1 MHz
	分辨率：	1 μV ~ 10 mV		分辨率：	0.01 Hz ~ 1 kHz
	准确度：	（3-Sigma）± 0.018%		准确度：	（3-Sigma）± 0.05%
T 型热电偶	量程：	−150 ~ 400 ℃	K 型热电偶	量程：	−100 ~ 1 372 ℃
	分辨率：	0.1 ℃		分辨率：	0.1 ℃
	准确度：	（3-Sigma）± 0.39 ℃		准确度：	（3-Sigma）± 0.45 ℃

2. 热电偶和热通量传感器

试验采用上海颜历自动化仪表有限公司生产的 K 型热电偶，其露点式探头更适合探测物体表面温度，热电偶测量范围为 0~1 000 ℃，精度等级为Ⅱ级。试验采用中国航天科技第一研究院生产的热通量传感器，其量程为 0~2 W/cm^2，最大允许误差为 2%。

1）测量火焰温度探测点的布置

由第 3 章模拟可知，火焰底部温度较高，因此火焰温度探测点设置在距离油面 1.0 m 范围内，再利用特制铁架布置热电偶测量火焰温度。特制铁架上每间隔 10 cm 设置孔洞，将铁管按照要求距离固定在铁架上，铁管上布置热电偶，测量火焰中心温度。沿油盘中心线向上布置 3 个探测点，分别为 f_1、f_2 和 f_3，f_1 距离油盘顶端平面 30 cm，3 个测点间距均为 30 cm。火焰温度探测点布置如图 6.3 所示。

2）罐壁探测点的布置

在邻近罐罐壁正对油盘方向布置 3 个热电偶和 3 个热通量传感器，用高温胶水和铝箔纸固定在罐壁上。罐壁热电偶和热辐射通量传感器布置如图 6.4 所示。

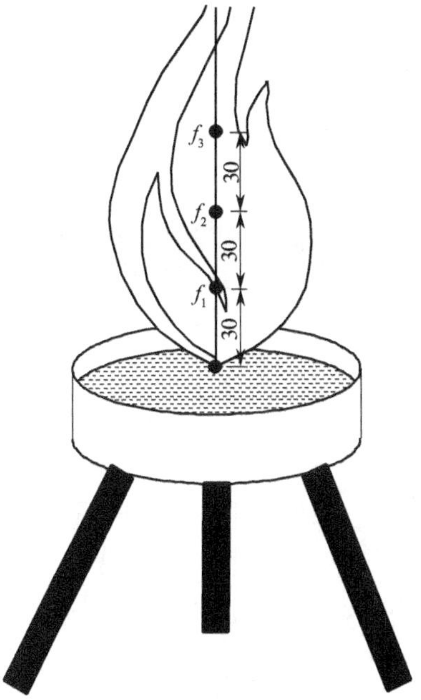

图 6.3　火焰温度探测点布置图

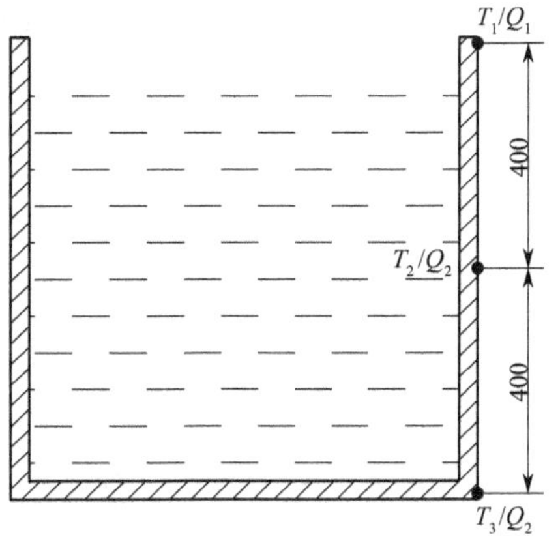

图 6.4　热电偶和热辐射通量传感器布置位置

T—热电偶；Q—热通量传感器

数据采集系统连接如图 6.5 所示。

图 6.5　数据采集系统连接

1—热电偶和热通量传感器；2—计算机；3—数据采集仪

6.2.3　试验冷却装置

试验冷却装置包括水箱、加压泵、水带、电磁流量计以及油罐上设置的冷却环管和进水管等。冷却试验系统工作流程：加压泵从水箱抽取冷却水，冷却水经供水管通过电磁流量计到达油罐冷却环管，通过电磁流量计读数操作水箱出水阀门，以调节水量大小，实现不同冷却水强度的冷却。试验采用水泵为上海建昊泵业有限公司生产，型号为 Y180M-2，额定转速为 2 940 r/min；电磁流量计为智能型电磁流量计，型号为 EMF8301（65）12 000C21，工作压力为 4.0 MPa，输出信号为 4~20 mA。

试验装置连接如图 6.6 所示。

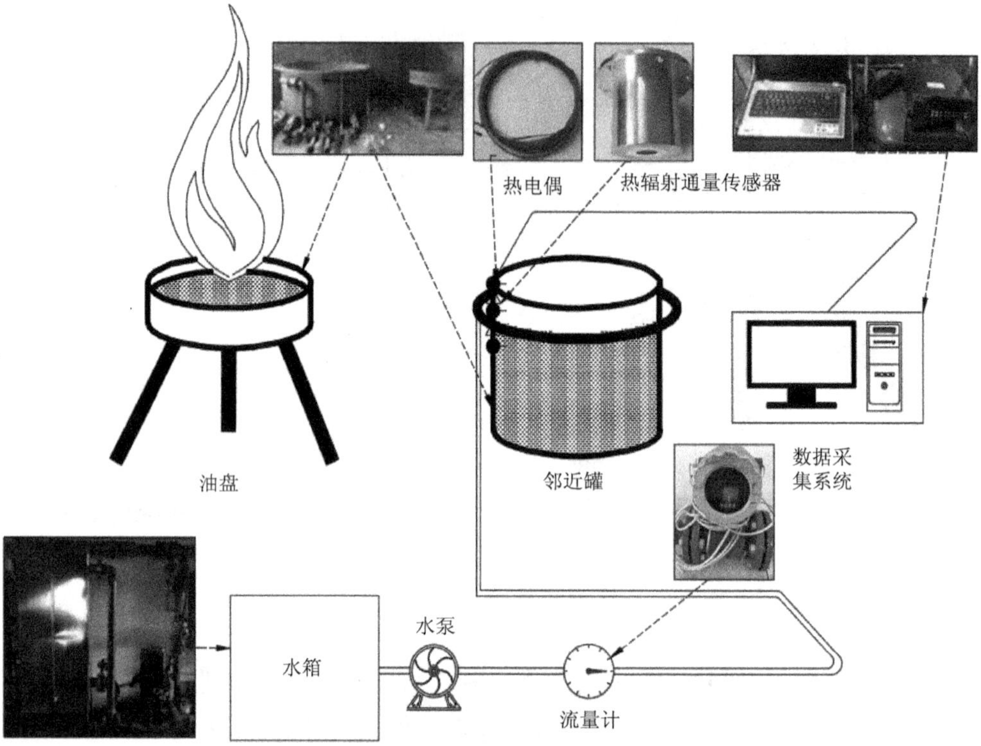

图 6.6 试验装置连接

6.3 试验场地

试验场地为建筑灭火设施齐全的大空间实验室，实验室由防火卷帘门分割为两个区域：试验区域和控制区域。试验区域空间尺寸为 9 m×9 m×12 m，并安装上下可以活动的移动吊顶，室内高度最高可调节到 10 m，且设有自动喷淋灭火系统。实验室北墙在高度为 3.8 m 处设有 3 个排烟风机，试验中可排除产生的烟气，保证室内空气流通，但不会对油盘火焰产生影响，可视为无风状态。控制区域设置控制台，可控制试验区域的排烟系统、照明系统和自动喷淋系统。实验室平面布局如图 6.7 所示。

图 6.7　实验室平面布局

6.4　油罐燃烧和冷却试验方法

6.4.1　试验目的

通过试验研究不同直径油盘火焰温度值及温度变化规律；不同直径油盘火焰热辐射下，邻近罐温度值和热辐射值的分布特征；不同冷却水强度下，冷却水强度对罐壁温度值和热辐射值的削减作用。

6.4.2　试验内容

油罐冷却试验需要记录的试验数据包括火焰温度、冷却前油罐温度值、热辐射值、冷却水流量、水冷却下的罐壁温度值和热辐射值。

油盘燃烧试验测量不同直径的油盘火焰温度，不同 L/D 值、不同直径的油盘火焰作用下油罐温度值和热辐射值的分布规律，其中 L/D 分别取 0.6、1.0 和 1.5。油罐冷却试验测量不同强度冷却水作用下油罐温度值和热辐射值，按照《石化规》规定的拱顶罐最小间距 $0.6D$ 放置油盘和油罐。共开展了 24 次试验，试验工况见表 6.2。其中，无量纲量 L/D 中 D 为油盘直径，单位为 m。

表 6.2 试验工况表

序号	油盘直径 D	L/D	试验内容	记录数据
1	0.4 m	0.6	油盘燃烧不冷却	火焰温度、油罐温度、热辐射
2		1.0	油盘燃烧不冷却	
3		1.5	油盘燃烧不冷却	
4		0.6	强度 1 冷却油罐	冷却水流量、油罐温度和热辐射
5		0.6	强度 2 冷却油罐	
6		0.6	强度 3 冷却油罐	
7		0.6	强度 4 冷却油罐	
8		0.6	强度 5 冷却油罐	
9	1.0 m	0.6	油盘燃烧不冷却	火焰温度、油罐温度和热辐射
10		1.0	油盘燃烧不冷却	
11		1.5	油盘燃烧不冷却	
12		0.6	强度 1 冷却油罐	冷却水流量、油罐温度和热辐射
13		0.6	强度 2 冷却油罐	
14		0.6	强度 3 冷却油罐	
15		0.6	强度 4 冷却油罐	
16		0.6	强度 5 冷却油罐	
17	1.8 m	0.6	油盘燃烧不冷却	火焰温度、油罐温度和热辐射
18		1.0	油盘燃烧不冷却	
19		1.5	油盘燃烧不冷却	
20		0.6	强度 1 冷却油罐	冷却水流量、油罐温度和热辐射
21		0.6	强度 2 冷却油罐	
22		0.6	强度 3 冷却油罐	
23		0.6	强度 4 冷却油罐	
24		0.6	强度 5 冷却油罐	

油罐冷却试验的冷却水强度设定同第 5 章，设定 2 L/(min・m²)、2.5 L/(min・m²)、3 L/(min・m²)、4 L/(min・m²)和 5 L/(min・m²)五种冷却水强度。由表 1.2 所给油罐冷却水供给范围及强度标准计算得到实际油罐水喷淋所需流量，其中油罐表面积为

$$S = \pi DH = 3.14 \times 1.8 \times 0.8 = 4.52\ \mathrm{m}^2$$

计算所得水喷淋流量值见表 6.3。

表 6.3 水喷淋流量值

冷却水强度编号	冷却水强度	水喷淋流量值
强度 1	2 L/(min•m²)	$q_1 = 4.52 \times 2 = 9.0$ L/min
强度 2	2.5 L/(min•m²)	$q_2 = 4.52 \times 2.5 = 11.3$ L/min

续表

冷却水强度编号	冷却水强度	水喷淋流量值
强度 3	3 L/(min•m²)	$q_3 = 4.52 \times 3 = 13.6$ L/min
强度 4	4 L/(min•m²)	$q_4 = 4.52 \times 4 = 18$ L/min
强度 5	5 L/(min•m²)	$q_5 = 4.52 \times 5 = 22.6$ L/min

6.4.3　试验步骤

（1）连接试验系统。油盘和油罐按一定间距放置，首先在油盘内加入 2~3 cm 厚的水垫层，再倒入汽油，汽油量根据油盘尺寸，保证油层厚度大约为 1 cm；油罐内部充装水代替罐内油品，水面距离油罐顶部 15 cm；将热电偶和热通量传感器布置在各探测点上，通过导线与数据采集系统相连，打开并调试数据采集仪，多通道显示界面；将油罐的供水管和冷却供水系统相连，摄像机全程录像，以观察火焰形状和火焰高度。试验中为保护数据采集仪的安全，利用高 2 m、宽 1.5 m 的铁质挡板将试验油盘与计算机和数据采集仪遮挡，防止热辐射损害。试验中备有泡沫灭火器，以确保试验过程安全。

（2）开始试验。

① 将油盘和油罐按一定间距放置，点燃油盘，数据采集仪记录火焰温度、油罐温度值和热辐射值。

② 待油罐温度降到环境温度，点燃油盘，同时启动喷淋系统，分别用不同强度冷却水对油罐进行冷却，并记录油罐温度值和热辐射值的变化。

③ 调整油盘与油罐间距，重复上述试验。

（3）整理数据，分析结果。

6.4.4　试验现象

点燃油盘后，火焰迅速蔓延到整个油盘表面，前 10 s 左右为火焰燃烧的初起阶段，此时火焰高度较低，烟较少；大约 10 s 后到 300 s 期间为火焰燃烧的稳定阶段，这个时期火焰高度较高，观察发现直径 0.4 m 油盘火焰高度在 1~1.5 m，直径 1.0 m 油盘火焰高度在 2~2.5 m，直径 1.8 m 油盘火焰高度在 3.5~4 m。火焰形状接近圆柱体，燃烧过程伴有振荡现象，火焰上方有大量浓烟产生。随着燃料的消耗，燃烧进入衰减熄灭阶段，衰减阶段为 20~30 s，此时火焰高度明显下降，直至完全熄灭。整个燃烧过程持续 5~6 min。再次点燃油盘，启动喷淋系统后，可见冷却环管孔眼中喷出的冷却水均匀覆盖到罐壁表面，并沿罐壁流淌到罐底。罐壁表面没有看到水蒸气，观察数据采集仪可见温度值和热辐射值均明显下降。直径 1.0 m 油盘燃烧试验现场如图 6.8 所示。

（a）1 s　　（b）50 s

（c）200 s　　（d）300 s

图 6.8　直径 1.0 m 油罐燃烧试验现场

6.5　油盘燃烧试验结果分析

6.5.1　火焰温度

试验中测得各探测点火焰温度如图 6.9 所示。

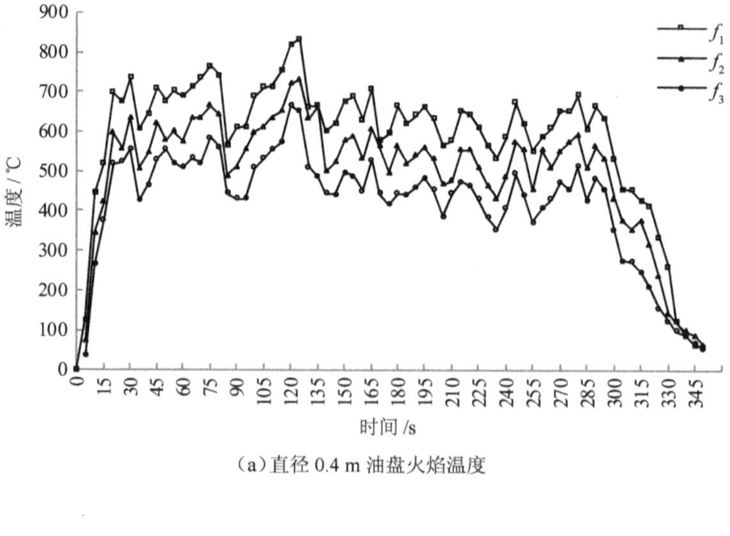

（a）直径 0.4 m 油盘火焰温度

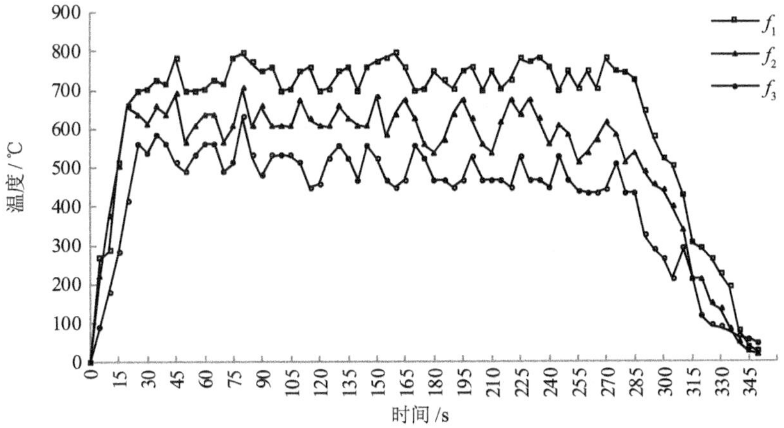

（b）直径 1.0 m 油盘火焰温度

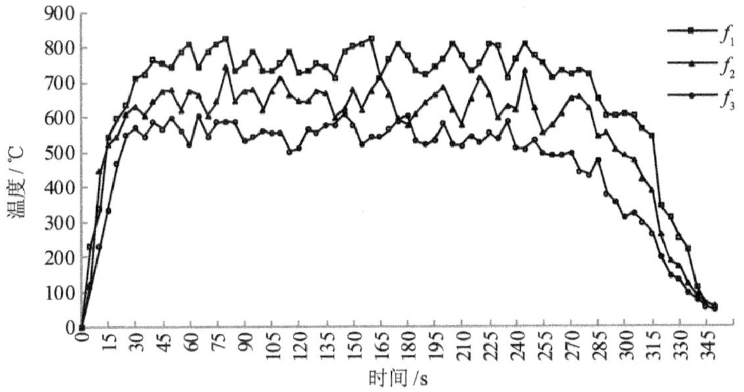

（c）直径 1.8 m 油盘火焰温度

图 6.9　各探测点火焰温度

各探测点火焰平均温度见表 6.4。

表 6.4　各探测点火焰平均温度

油盘直径	f_1	f_2	f_3
0.4 m	578.7 ℃	545.7 ℃	474.1 ℃
1.0 m	630.2 ℃	557.3 ℃	498.5 ℃
1.8 m	657.2 ℃	574.2 ℃	513.5 ℃

由表 6.4 可知，不同直径油盘火焰靠近底部区域探测点 f_1 的温度最高，从火焰底部向上温度逐渐下降。直径 1.8 m 油盘火焰平均温度最高，直径 0.4 m 油盘火焰平均温度最低，火焰温度随油盘直径增大而增大。

各探测点火焰温度随距离油盘顶部平面高度的变化趋势如图 6.10 所示。

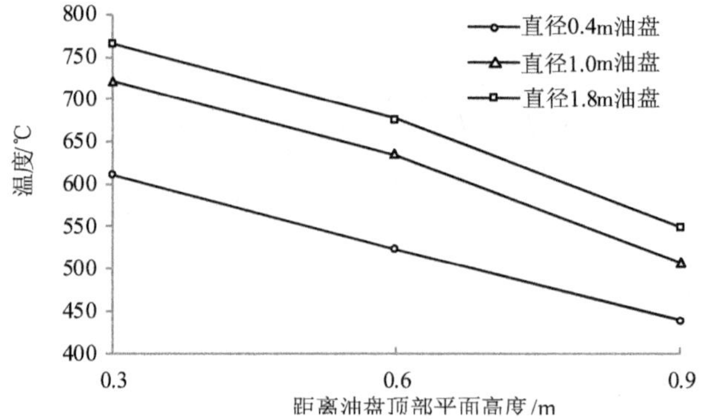

图 6.10 各探测点火焰温度随距离油盘顶部平面高度的变化趋势

由图 6.10 可知，试验测得油盘火焰温度远低于模拟的大型油罐火焰温度，但模拟和试验得到的火焰温度的分布规律基本一致。

6.5.2 油罐温度值

油盘和油罐放置的 *L/D* 分别取 0.6、1.0 和 1.5，其中 *D* 为油盘直径。点燃不同直径油盘，测量罐壁温度值。

（1）对于直径 0.4 m 油盘，其与油罐间距分别取 0.24 m、0.4 m 和 0.6 m，则油罐罐壁温度随时间的变化趋势如图 6.11 所示。其中，T_1 表示罐顶探测点，T_2 表示罐中部探测点。T_3 表示罐底探测点。

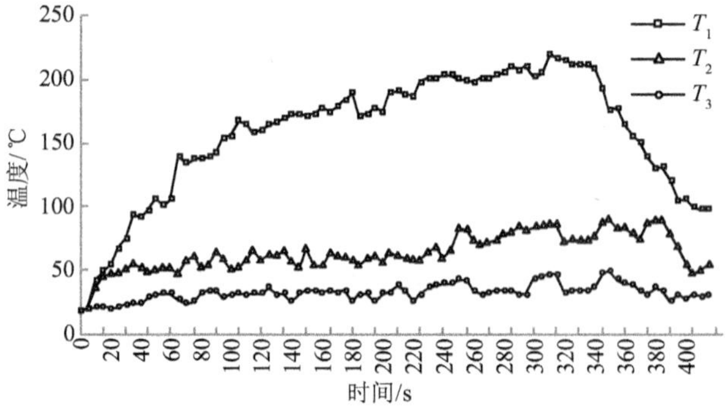

（a）间距 0.24 m

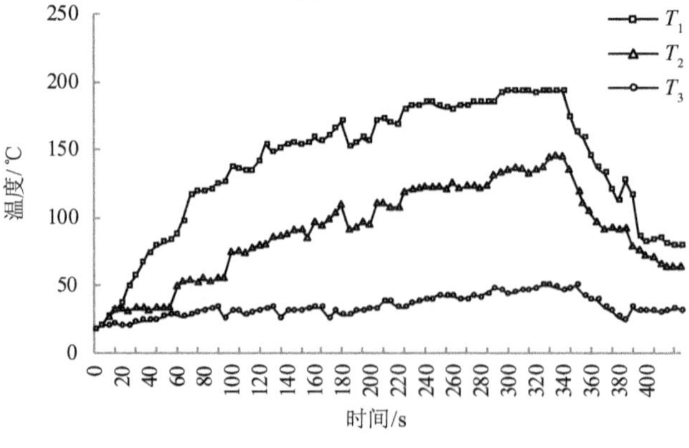

（b）间距 0.4 m

（c）间距 0.6 m

图 6.11　油罐罐壁温度随时间的变化趋势（直径 0.4 m 油盘）

（2）对于直径 1.0 m 油盘，其与油罐间距分别为 0.6 m、1.0 m 和 1.5 m，则油罐罐壁温度随时间的变化趋势如图 6.12 所示。

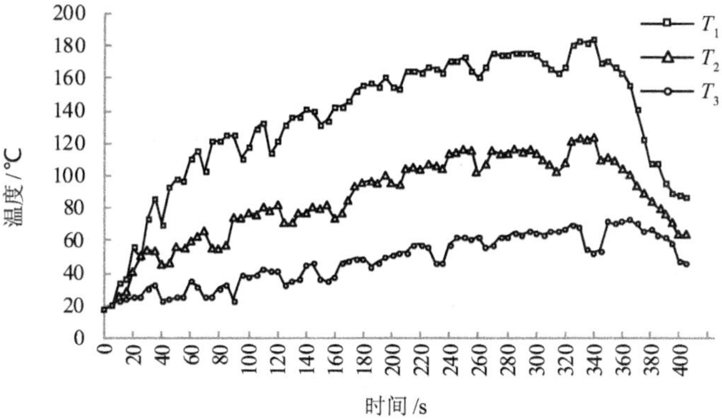

（a）间距 0.6 m

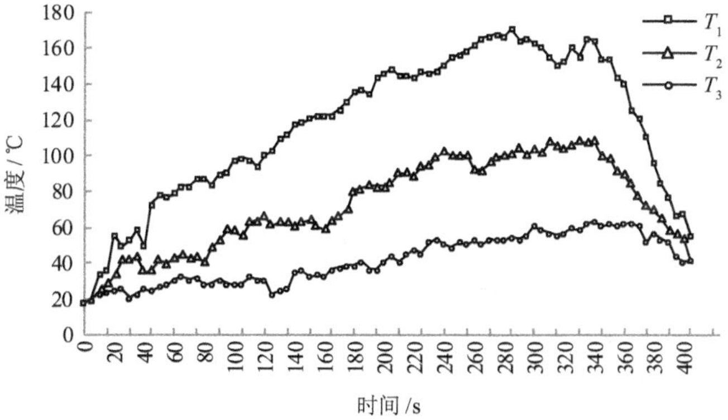

（b）间距 1.0 m

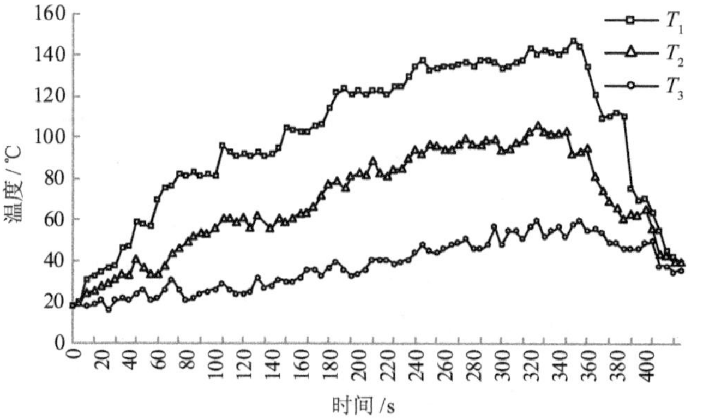

(c)间距 1.5 m

图 6.12 油罐罐壁温度随时间的变化趋势(直径 1.0 m 油盘)

(3)对于直径 1.8 m 油盘,其与油罐间距分别为 1.08 m、1.8 m 和 2.7 m,则油罐罐壁温度随时间的变化趋势如图 6.13 所示。

(a)间距 1.08 m

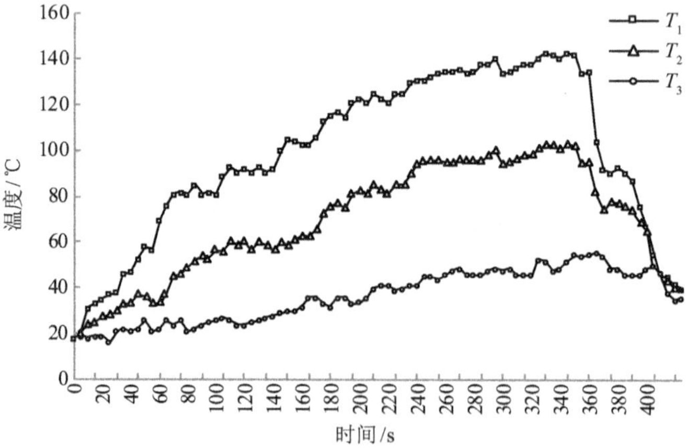

(b)间距 1.8 m

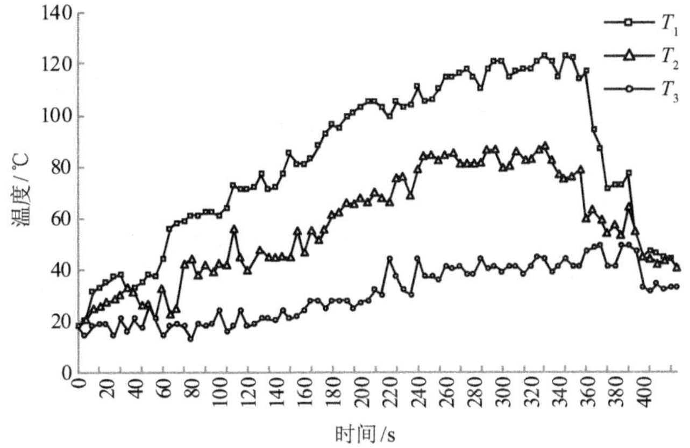

（c）间距 2.7 m

图 6.13　油罐罐壁温度随时间的变化趋势（直径 1.8 m 油盘）

由图 6.11 至图 6.13 可知，在油盘火焰的作用下，油罐各探测点温度值迅速升高，且一直保持上升趋势，大约 5 min 后由于油盘内燃料不足，油盘火焰开始进入衰减阶段，此时油罐温度开始明显下降，直到油盘火焰因为燃料不足而熄灭，油罐温度迅速下降。其中，罐顶 T_1 探测点温度上升最快且温度最高，罐底 T_3 探测点温度最低，罐顶温度高于罐底温度。当 L/D 为 0.6 时，在直径 0.4 m、1.0 m 和 1.8 m 油盘火焰作用下，油罐温度最高值分别达到 240 ℃、184 ℃和 143 ℃，在没有冷却条件下油罐温度均超过 120 ℃。

在相同油盘火焰作用下，无量纲量 L/D 越大，油罐整体温度越低。当 L/D 相同时，油盘直径越小，油罐温度越高。分析原因主要是油盘直径越小，L/D 相同时油盘与油罐间距越小，罐壁接收的热辐射通量与距离火焰距离成反比。虽然直径大的油盘火焰热释放速率大，热辐射作用强，但间距对热辐射影响更加明显。

6.5.3　油罐热辐射值

（1）对于直径 0.4 m 油盘，不同 L/D 的油罐热辐射值随时间的变化趋势如图 6.14 所示。其中，Q_1 表示罐顶探测点，Q_2 表示罐中部探测点，Q_3 表示罐底探测点。

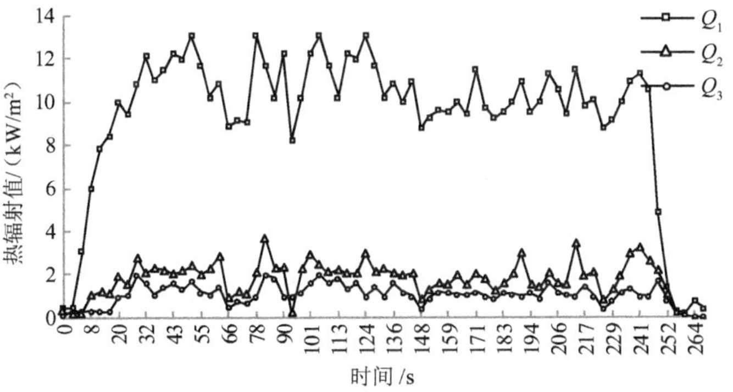

（a）间距 0.24 m

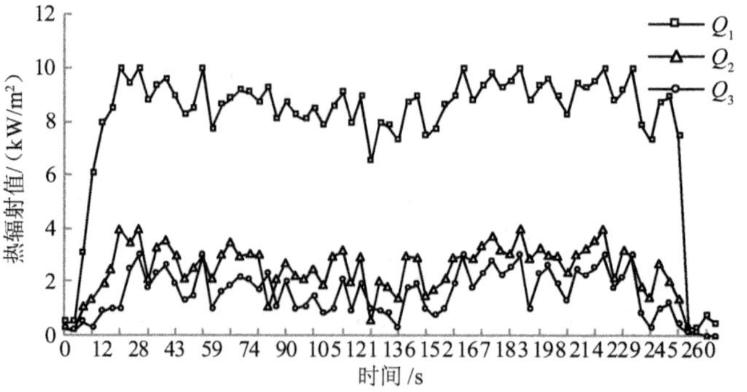

(b)间距 0.4 m

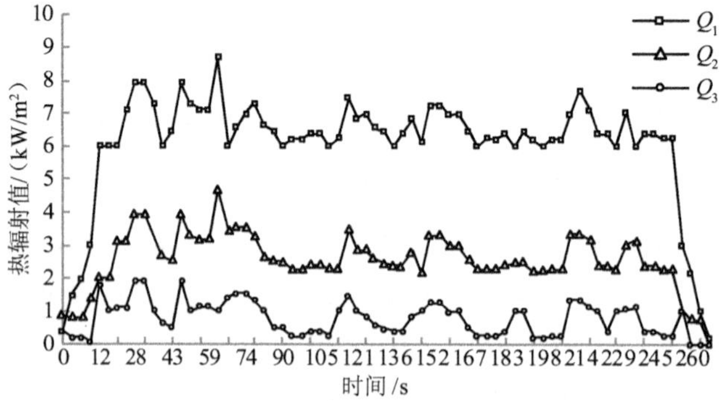

(c)间距 0.6 m

图 6.14 油罐热辐射值随时间的变化趋势(直径 0.4 m 油盘)

(2)对于直径 1.0 m 油盘,不同 L/D 的油罐热辐射值随时间的变化趋势如图 6.15 所示。

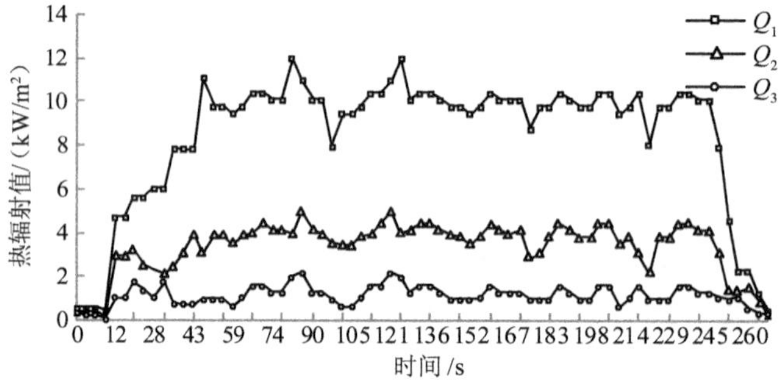

(a)间距 0.6 m

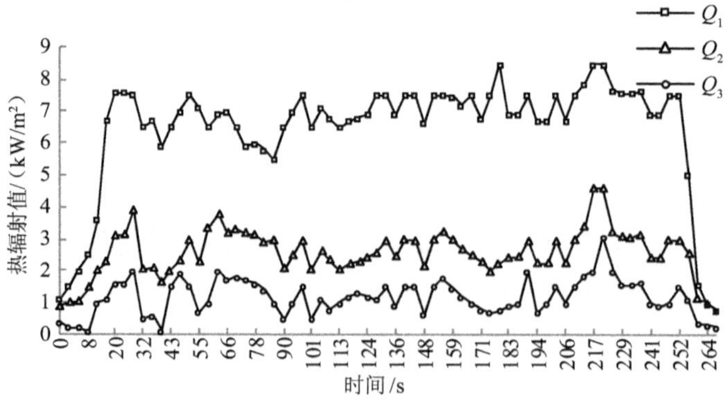

(b)间距 1.0 m

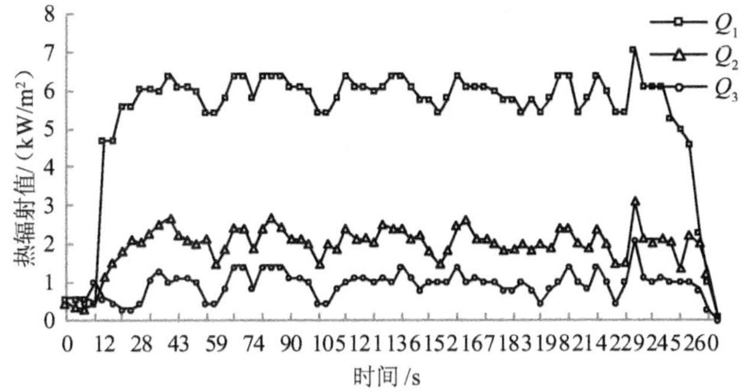

(c)间距 1.5 m

图 6.15　油罐热辐射值随时间的变化趋势(直径 1.0 m 油盘)

(3)对于直径 1.8 m 油盘,不同 L/D 的油罐热辐射值随时间的变化趋势如图 6.16 所示。

(a)间距 1.08 m

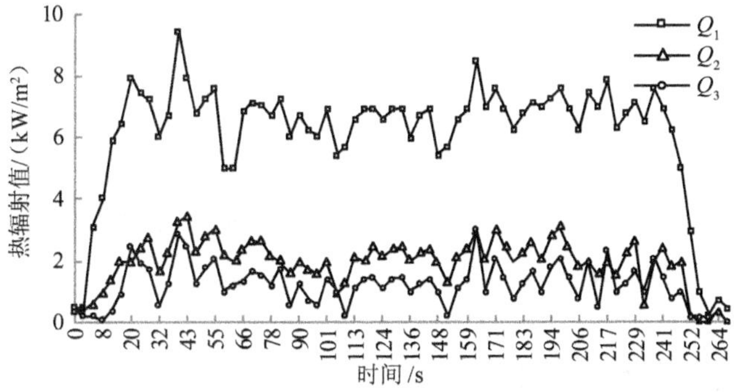

(b)间距 1.8 m

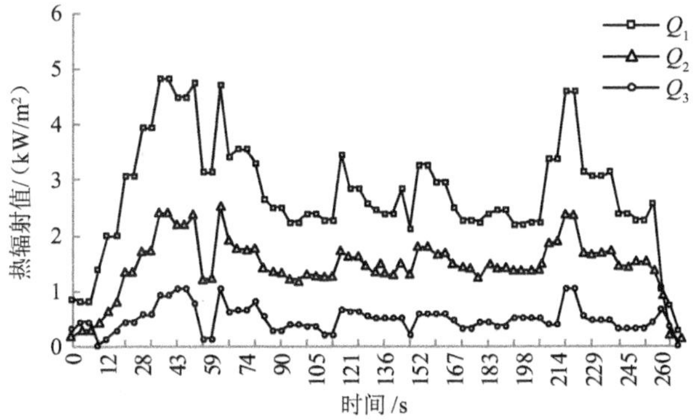

(c)间距 2.7 m

图 6.16　油罐热辐射值随时间的变化趋势(直径 1.8 m 油盘)

油罐各探测点的热辐射平均值见表6.5。

表6.5 油罐各探测点热辐射平均值(kW/m^2)

L/D	探测点	油盘直径		
		0.4 m	1.0 m	1.8 m
0.6	Q_1	10.4	9.5	9.4
	Q_2	2.0	3.6	2.5
	Q_3	1.2	1.4	1.3
1.0	Q_1	8.6	7.2	6.6
	Q_2	2.6	2.5	2.2
	Q_3	1.7	1.9	1.4
1.5	Q_1	6.7	5.5	3.2
	Q_2	2.2	2.0	1.7
	Q_3	1.1	1.0	0.5

由表6.5可知，试验中不同工况下油罐热辐射值沿罐顶到罐底呈下降趋势，最高点为 Q_1 点；L/D 越大，油罐热辐射值越低；L/D 相同时，直径0.4 m油盘火焰作用下油罐相应探测点的热辐射值最高，直径1.8 m油盘作用下热辐射值最低；油盘直径越小，火焰作用下邻近罐热辐射值越大，邻近罐热辐射分布规律与温度分布规律相似，与计算机模拟结果一致。其中，对于直径0.4 m油盘，当 L/D 为0.6时，Q_1 热辐射值最高，但 Q_2 和 Q_3 热辐射值较低，分析原因是当 L/D 为0.6时，油盘与油罐相距0.24 m，距离较近，油盘燃烧时，处于火焰下方的 Q_2 和 Q_3 探测点基本被遮挡，因此热辐射值较低。随着 L/D 增大，Q_2 和 Q_3 热辐射值开始增大，当 L/D 为1.5时，由于距离较远，油罐热辐射值又出现下降趋势。直径1.0 m和1.8 m油盘燃烧时，热辐射值随着 L/D 同样出现相似的分布，因此当油罐受相邻油罐火焰热辐射时，罐底的热辐射值随着 L/D 的增大出现先增高再下降的趋势。

6.6 油罐冷却试验结果分析

由模拟和试验结果可知，油盘和油罐间距越小，油罐温度值和热辐射值越高。当油盘和油罐以规范规定的最小间距 $0.6D$ 放置时，油罐正对火焰的罐顶处温度和热辐射值最高，冷却水强度满足该点的要求，即能满足其他大于 $0.6D$ 间距的冷却要求。油罐冷却水强度应满足油罐最大温度值低于120 ℃的临界温度值，最大热辐射值低于热辐射安全临界值。

6.6.1 油罐温度值

（1）在直径0.4 m油盘作用下，油罐各探测点在五种冷却水强度下分别与无冷却时温度随时间的变化进行对比，如图6.17所示。

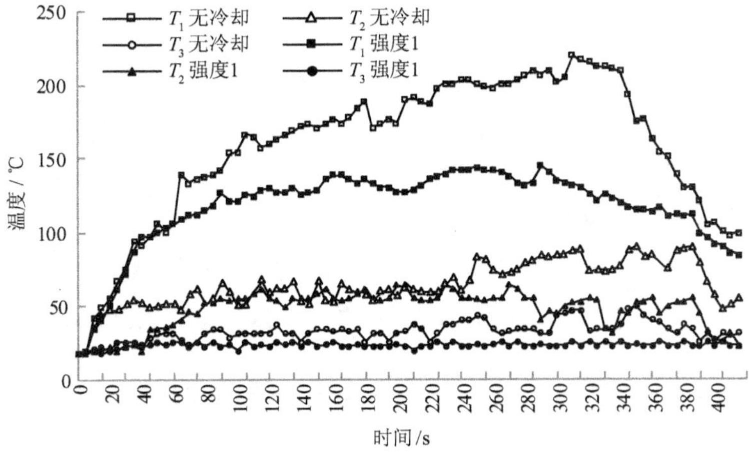

（a）2 L/（min•m²）

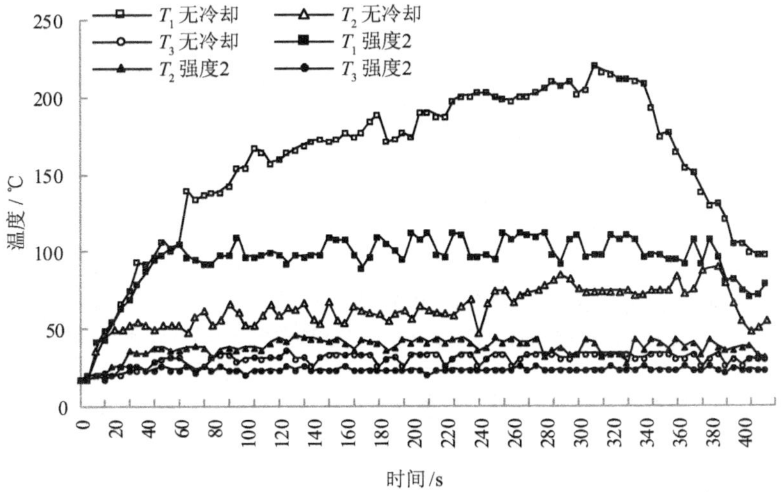

（b）2.5 L/（min•m²）

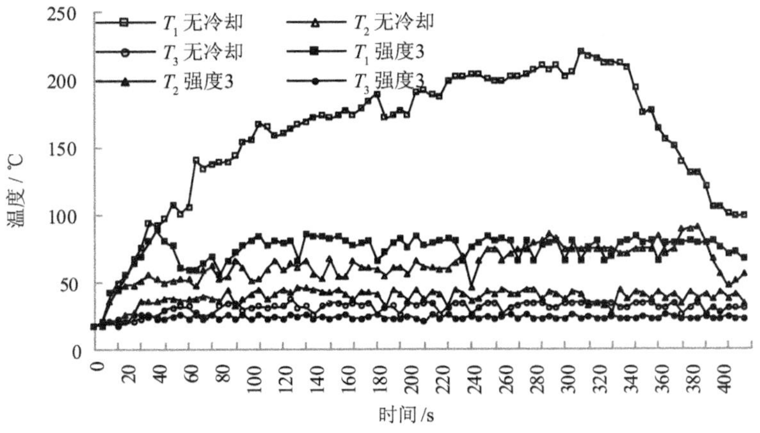

（c）3 L/（min•m²）

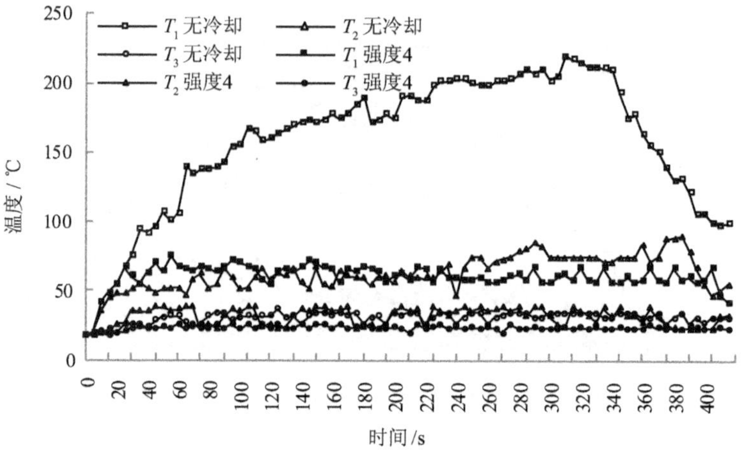

（d）4 L/（min•m²）

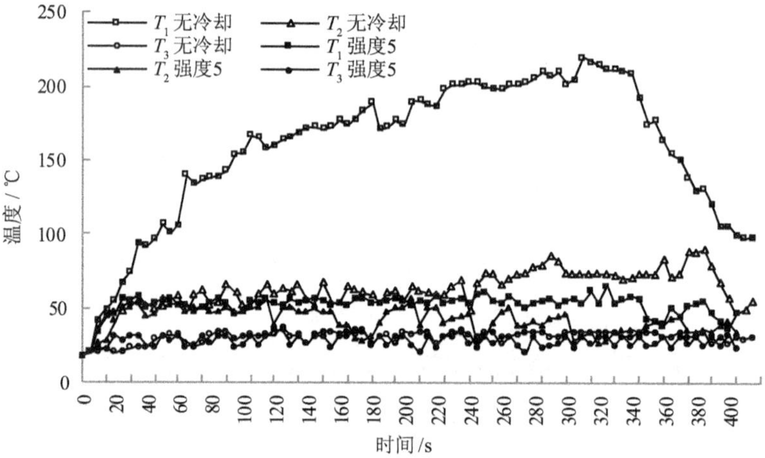

（e）5 L/（min•m²）

图 6.17　冷却前后油罐温度值随时间的变化对比（直径 0.4 m 油盘）

由图 6.17 可知，直径 0.4 m 油盘燃烧后，在冷却水作用下，各探测点温度上升趋势得到较为明显控制，温度上升缓慢，后期呈现下降趋势；冷却水强度越大，油罐温度下降越明显。当冷却水强度为 2 L/（min • m²）时，油罐 T_1 点最高温度超出了 120 ℃的临界温度值，故冷却水强度 2 L/（min•m²）不能满足油罐安全要求。

（2）在直径 1.0 m 油盘作用下，油罐各探测点在五种冷却水强度下分别与无冷却时温度随时间的变化进行对比，如图 6.18 所示。

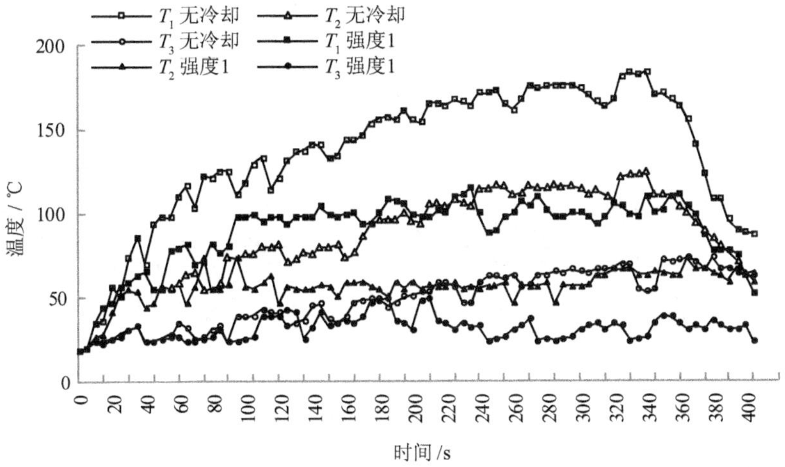

（a）2 L/（min•m²）

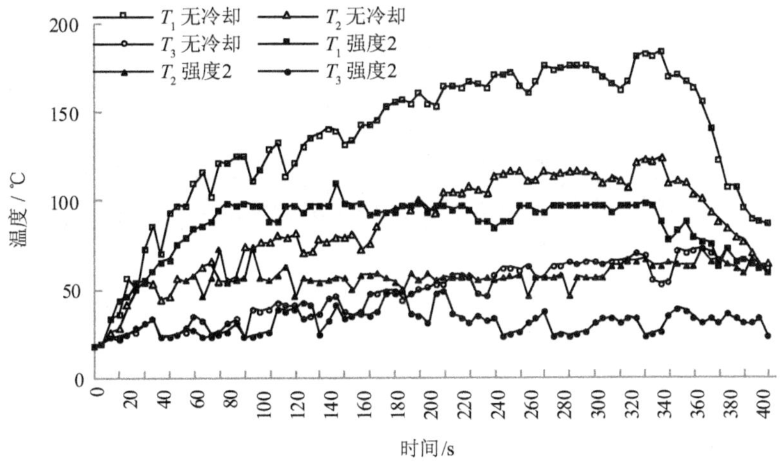

（b）2.5 L/（min•m²）

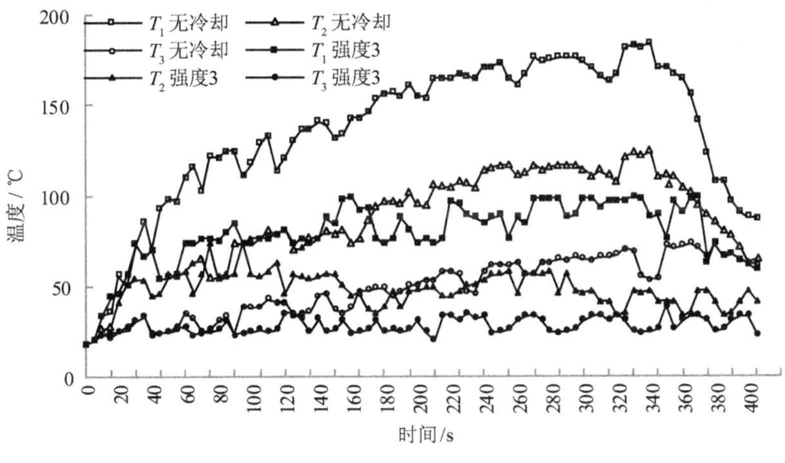

（c）3 L/（min•m²）

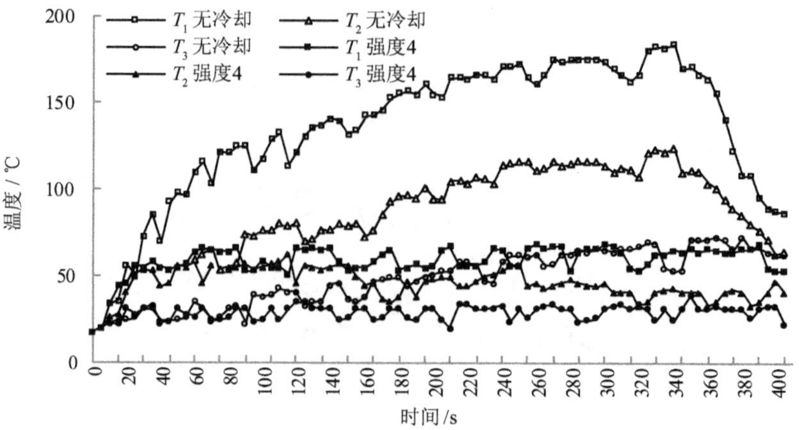

(d)4 L/(min•m²)

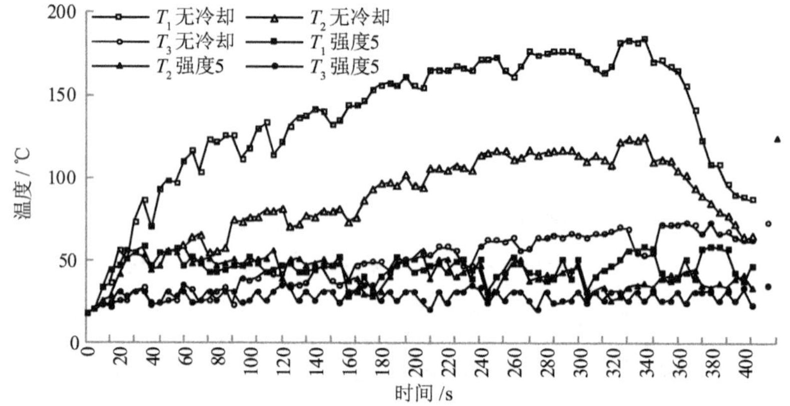

(e)5 L/(min•m²)

图 6.18 冷却前后油罐温度值随时间的变化对比(直径 1.0 m 油盘)

由图 6.18 可知,直径 1.0 m 油盘燃烧后,在冷却水作用下,各探测点温度明显下降,冷却水强度越大,油罐温度值越低。

(3)在直径 1.8 m 油盘作用下,油罐各探测点在五种冷却水强度下分别与无冷却时温度随时间的变化进行对比,如图 6.19 所示。

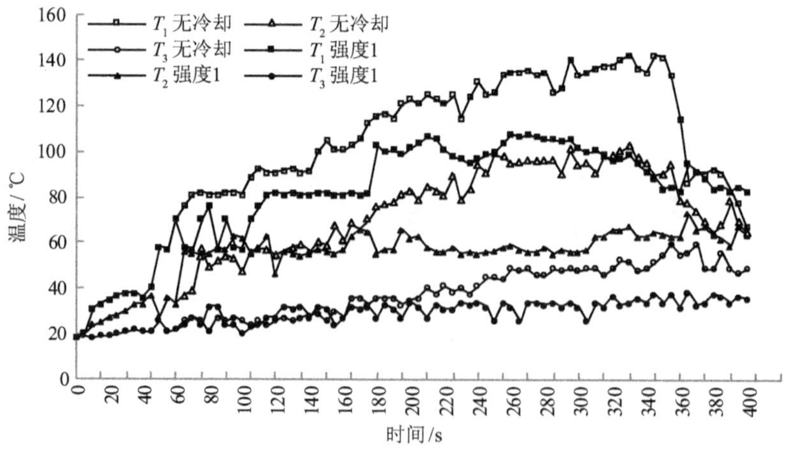

(a)2 L/(min•m²)

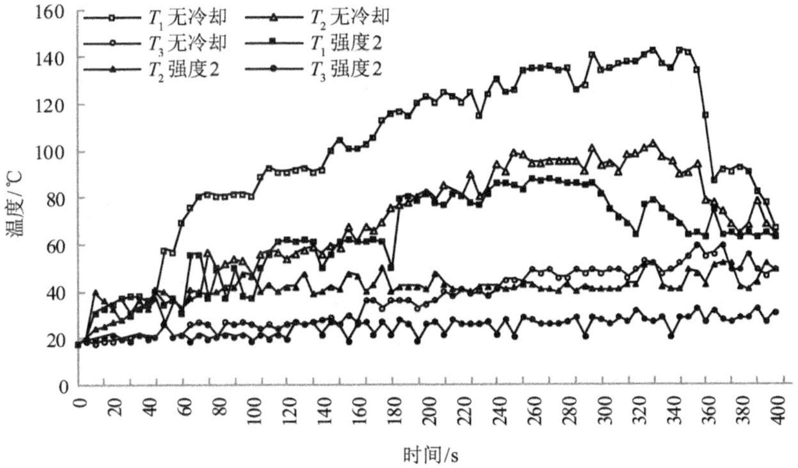

(b) 2.5 L/(min•m²)

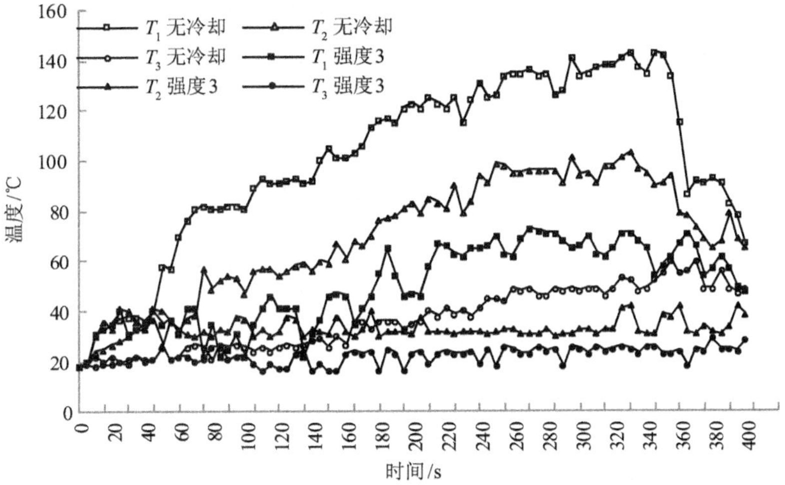

(c) 3 L/(min•m²)

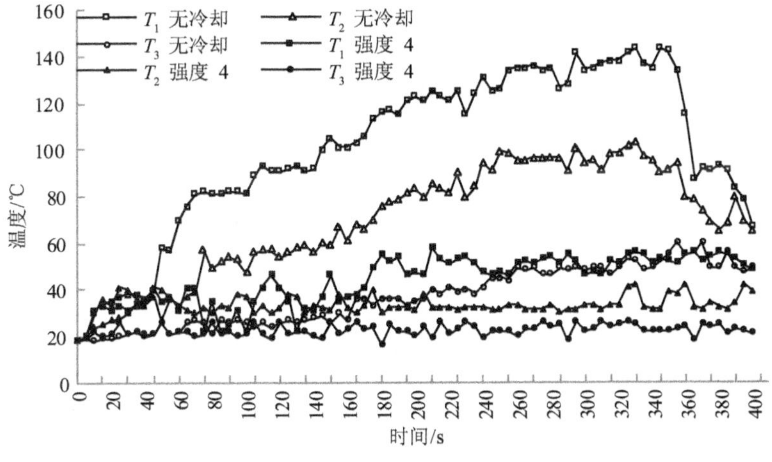

(d) 4 L/(min•m²)

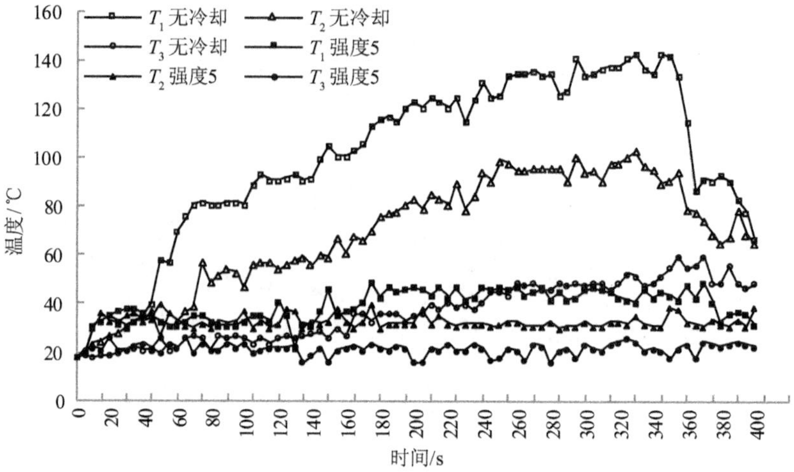

（e）5 L/（min•m²）

图 6.19 冷却前后油罐温度值随时间的变化对比（直径 1.8 m 油盘）

冷却前后油罐各探测点最大温度值见表 6.6，得到油罐最高温度随冷却水强度的变化趋势如图 6.20 所示。

表 6.6 油罐探测点最大温度值（℃）

油盘直径		0.4 m			1.0 m			1.8 m		
探测点		T_1	T_2	T_3	T_1	T_2	T_3	T_1	T_2	T_3
无冷却		220	91	53	184	124	73	143	103	60
冷却水强度	2 L/（min•m²）	145	62	37	127	83	49	97	70	39
	2.5 L/（min•m²）	115	55	31	107	71	43	84	59	33
	3 L/（min•m²）	97	46	27	85	57	35	67	48	29
	4 L/（min•m²）	78	36	24	66	44	28	51	36	25
	5 L/（min•m²）	66	31	23	54	39	24	44	32	22

由表 6.6 和图 6.20 可知，冷却水强度越大，冷却水对罐壁降温作用越明显，但随着冷却水强度继续增大，冷却效率下降。冷却水强度为 2 L/（min • m²）对比无冷却油罐最高温度下降 24%~34%，但在直径 0.4 m 和 1.0 m 油盘火焰作用下的油罐最高温度分别为 145 ℃和 127 ℃，超过 120 ℃的临界温度值，冷却水强度大于 2.5 L/（min • m²），油罐温度均在 120 ℃以下。试验结果与大型模拟结果吻合，冷却水强度为 2 L/（min • m²）在模拟和试验中都不能满足油罐冷却的需要。

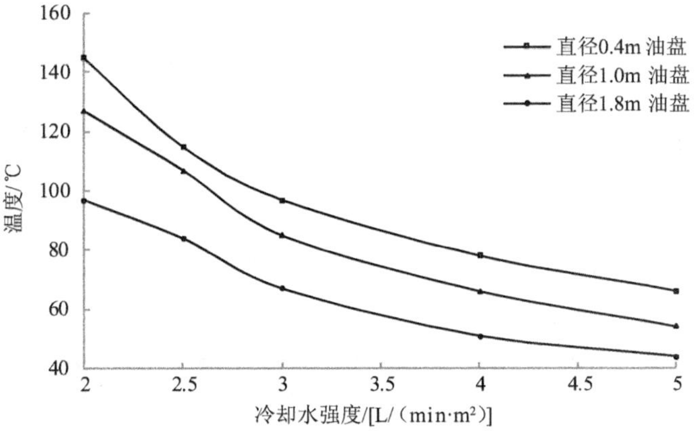

图 6.20　油罐最高温度值随冷却水强度的变化趋势

6.6.2　油罐热辐射值

（1）对于直径 0.4 m 油盘，当 L/D 为 0.6 时，油罐各探测点在五种冷却水强度下分别与无冷却时热辐射值随时间的变化进行对比，如图 6.21 所示。

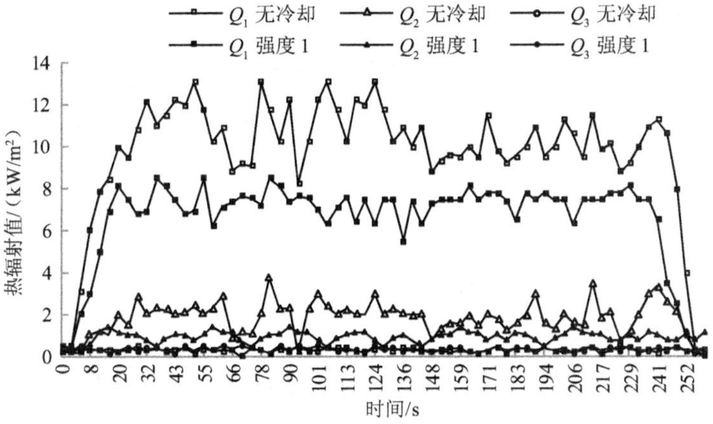

（a）2 L/（min•m²）

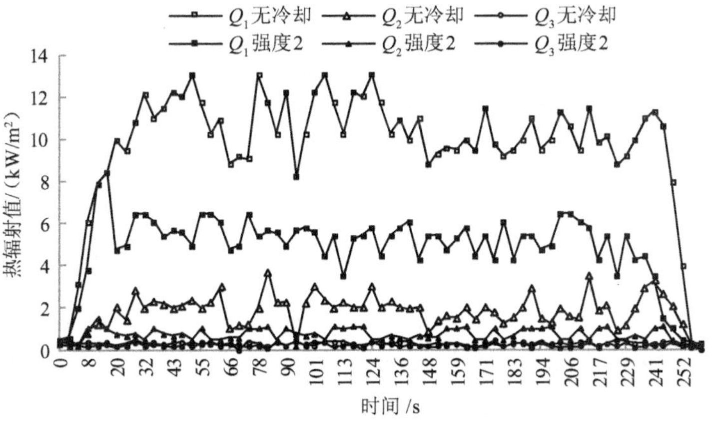

（b）2.5 L/（min•m²）

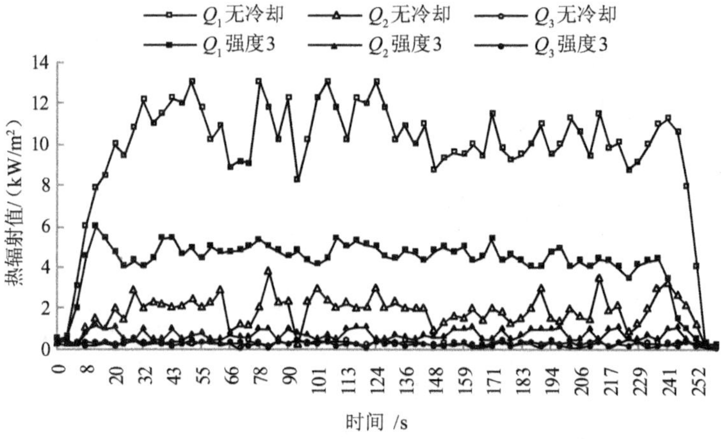

(c)3 L/(min•m²)

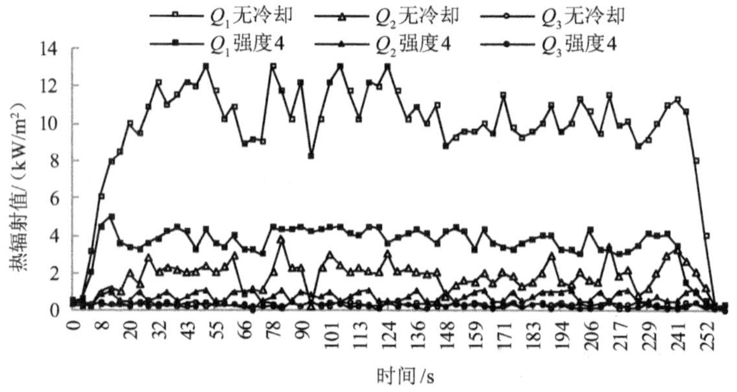

(d)4 L/(min•m²)

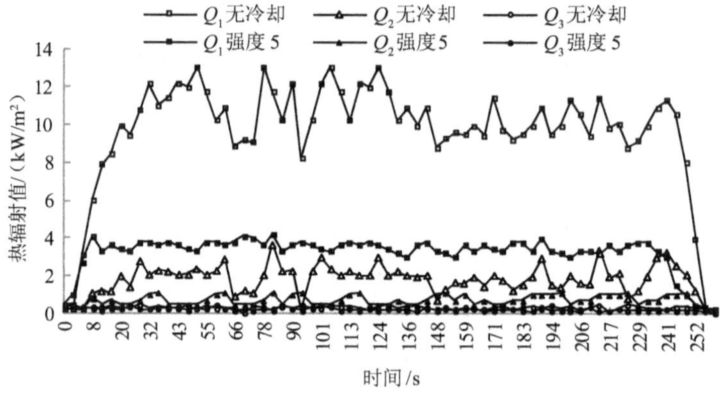

(e)5 L/(min•m²)

图 6.21 冷却前后油罐热辐射值随时间的变化对比(直径 0.4 m 油盘)

由图 6.21 可知,直径 0.4 m 油盘燃烧后,在冷却水作用下,各探测点热辐射值明显下降,最终趋于稳定;冷却水强度越大,油罐热辐射值越低。

(2)对于直径 1.0 m 油盘,当 L/D 为 0.6 时,油罐各探测点在五种冷却水强度下分别与无冷却时热辐射值随时间的变化进行对比,如图 6.22 所示。

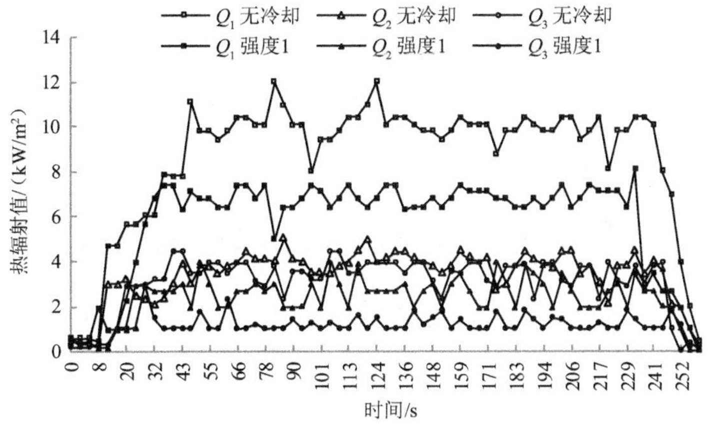

（a）2 L/（min•m²）

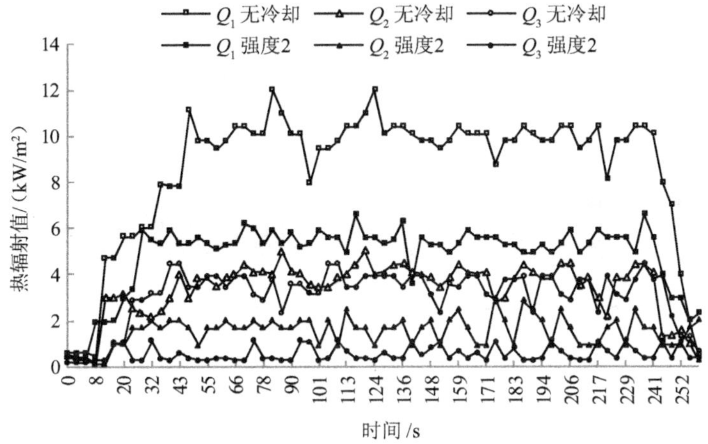

（b）2.5 L/（min•m²）

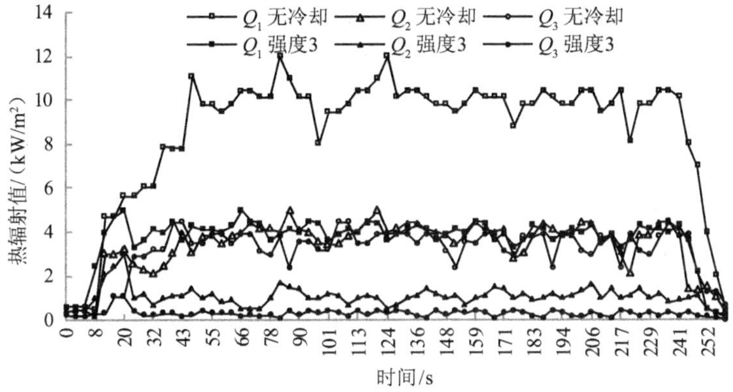

（c）3 L/（min•m²）

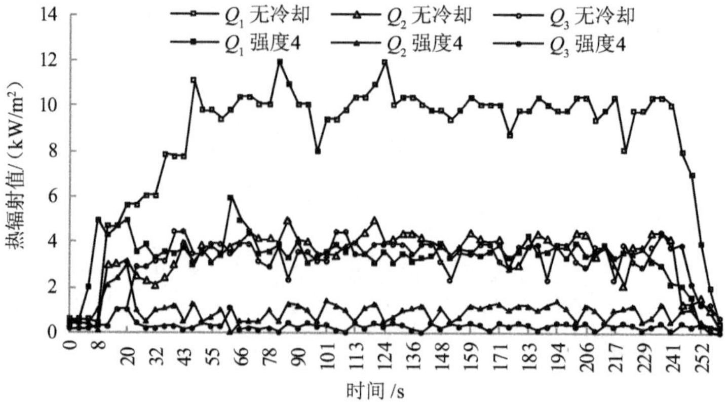

(d)4 L/(min•m²)

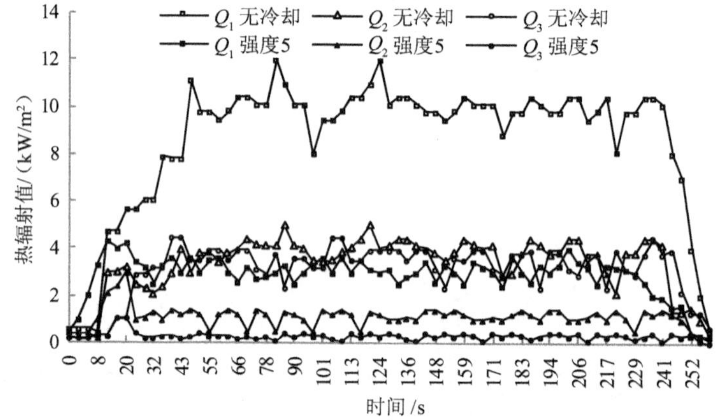

(e)5 L/(min•m²)

图 6.22 冷却前后油罐热辐射值随时间的变化对比(直径 1.0 m 油盘)

(3)对于直径 1.8 m 油盘,当 L/D 为 0.6 时,油罐各探测点在五种冷却水强度下分别与无冷却时热辐射值随时间的变化进行对比,如图 6.23 所示。

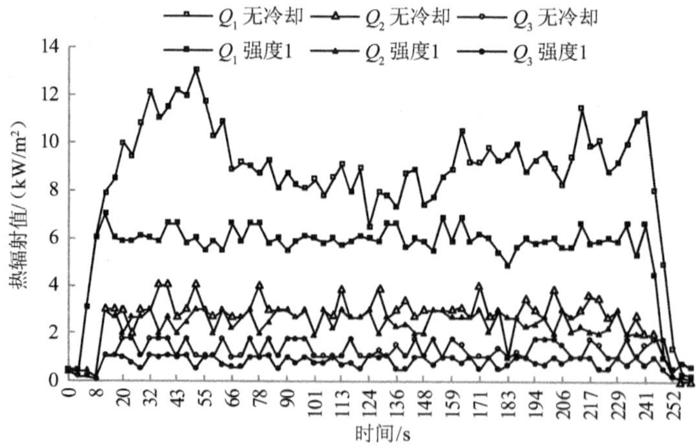

(a)2 L/(min•m²)

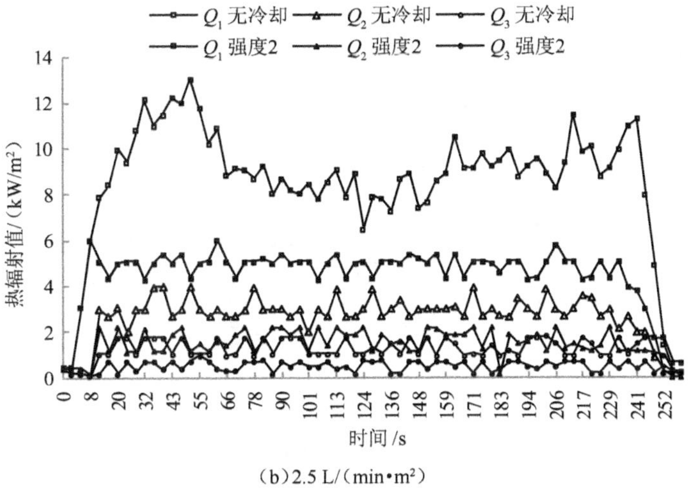

（b）2.5 L/（min•m²）

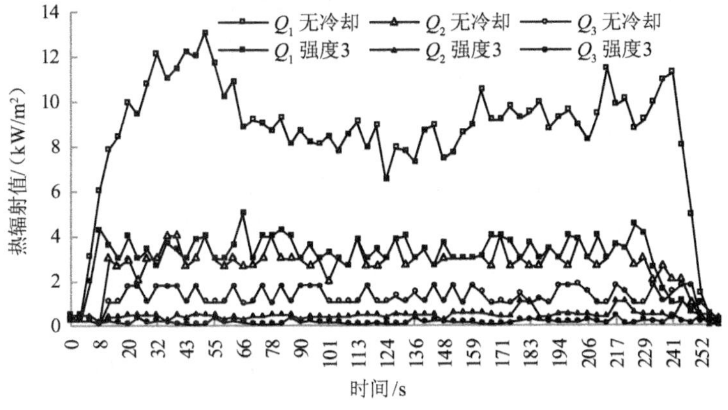

（c）3 L/（min•m²）

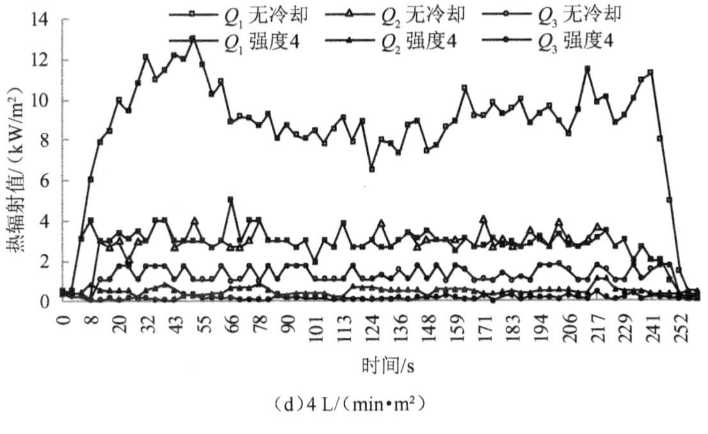

（d）4 L/（min•m²）

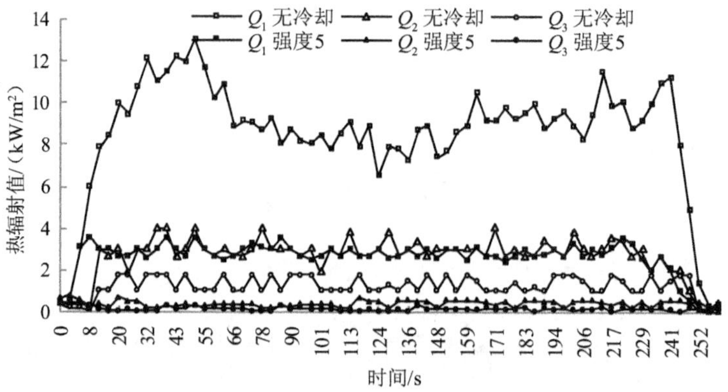

（e）5 L/（min•m²）

图 6.23　冷却前后油罐热辐射值

由图 6.22 和图 6.23 可知，点燃直径 1.0 m 和 1.8 m 油盘，同时对油罐冷却，油罐各探测点热辐射值比没有冷却时明显下降，随着冷却水强度增大，下降幅度越大。在冷却水作用下，油罐热辐射值趋于稳定。

试验得到油罐最高热辐射值随冷却水强度变化趋势如图 6.24 所示。由第 4 章模拟得到油罐最高热辐射值随冷却水强度变化趋势如图 6.25 所示。

由图 6.24 和图 6.25 可知，冷却水强度越大，油罐热辐射值越低。当冷却水强度在 2~3 L/（min•m²）时，油罐 Q_1 点热辐射值下降幅度较大，在冷却水强度为 3 L/（min•m²）作用下，油罐热辐射值为无冷却时的 50% 左右。随着冷却水强度继续增大，热辐射下降趋势减缓。试验测得模拟油罐的热辐射值随冷却水强度变化趋势与计算机模拟变化趋势一致。

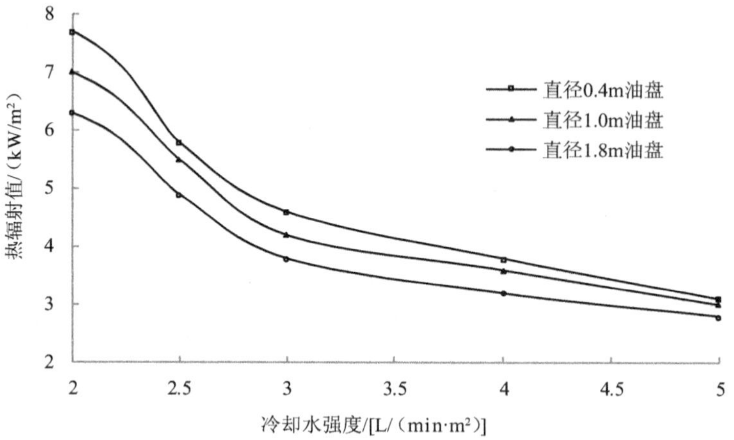

图 6.24　油罐最高热辐射值随冷却水强度变化趋势（试验值）

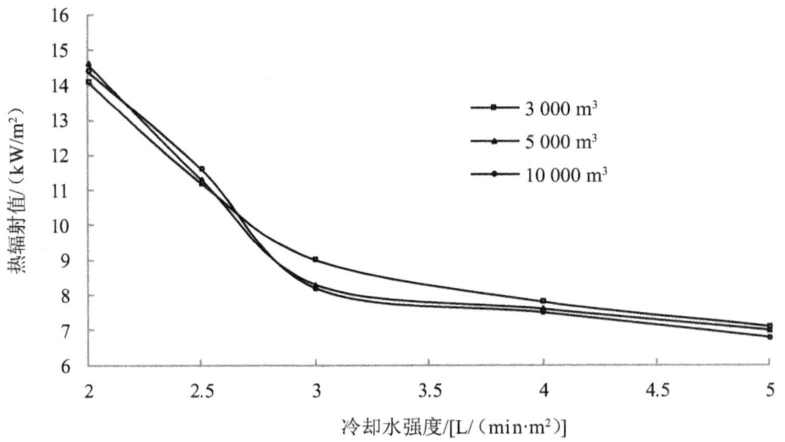

图 6.25　油罐最高热辐射值随冷却水强度变化趋势(模拟值)

冷却前后油罐各探测点最高热辐射值及削减率见表 6.7。

表 6.7　冷却前后油罐各探测点最高热辐射值(kW/m²)及削减率

油盘直径	0.4 m			1.0 m			1.8 m		
探测点	Q_1	Q_2	Q_3	Q_1	Q_2	Q_3	Q_1	Q_2	Q_3
无冷却	10.4	2.0	1.2	9.5	3.6	1.4	8.4	2.5	1.3
冷却水强度 1	7.7	1.45	0.9	7.4	2.6	1.0	6.3	1.8	0.9
削减率 %	26.0	27.5	25.0	22.1	27.8	28.6	25.0	28.0	30.8
冷却水强度 2	5.8	1.1	0.7	5.8	2.0	0.8	5.0	1.5	0.7
削减率 %	44.2	45.0	41.7	38.9	44.4	42.9	40.5	40.0	46.2
冷却水强度 3	4.6	0.86	0.62	4.1	1.7	0.6	4.1	1.2	0.6
削减率 %	55.8	57.0	48.3	56.8	52.8	57.1	51.2	52.0	53.8
冷却水强度 4	4.1	0.83	0.55	3.6	1.5	0.56	3.4	1.0	0.5
削减率 %	60.6	58.5	54.2	62.1	58.3	60.0	59.5	60.0	61.5
冷却水强度 5	3.7	0.72	0.50	3.3	1.4	0.52	3.0	0.9	0.4
削减率 %	64.4	64.0	58.3	65.3	61.1	62.9	64.3	64.0	69.2

油罐在水喷淋作用下，罐壁热辐射值明显下降。虽然不同尺寸油盘火焰热辐射下的油罐接收的热辐射不同，但冷却水强度相同时热辐射的削减率相近。由表 6.7 可知，在三种尺寸油盘火焰作用下，油罐在不同冷却水强度下热辐射削减率为 22.1%~30.8%、38.9%~46.2%、48.3%~57.1%、54.2%~62.1% 和 58.3%~69.2%。水喷淋冷却对相邻罐的热辐射起到了整体稳定降低的防护作用。

6.6.3　热辐射削减率随冷却水强度变化趋势

由表 6.7 可知，冷却水强度越大，油罐热辐射削减率越大。在同一冷却水强度冷却不同直径油盘火焰作用下的油罐，热辐射削减率相近。试验测得冷却水强度与油罐热辐射削减率的关系曲线如图 6.26 所示。

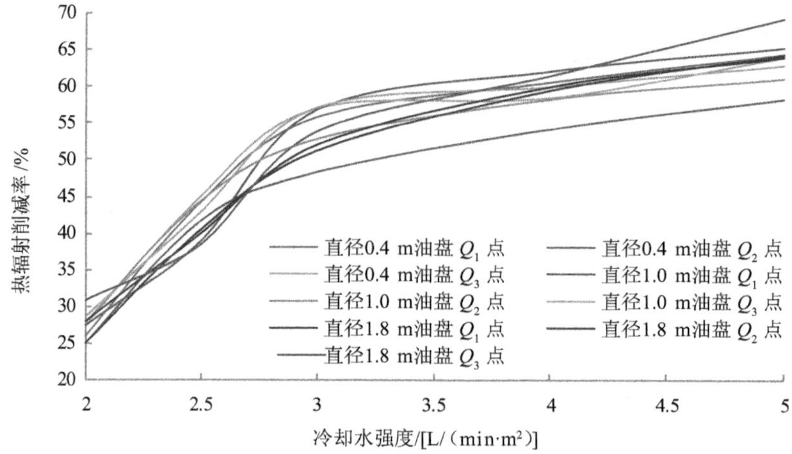

图 6.26　冷却水强度与油罐热辐射削减率的关系曲线

在五种冷却水强度作用下罐壁热辐射平均削减率分别为 26.8%、42.6%、53.9%、59.4% 和 63.7%。基于小尺寸油罐燃烧冷却试验数据发现，试验中邻近罐热辐射值小于模拟得到的大型油罐热辐射值。但试验和模拟得到的热辐射平均削减率变化趋势和数值相近，如图 6.27 所示。

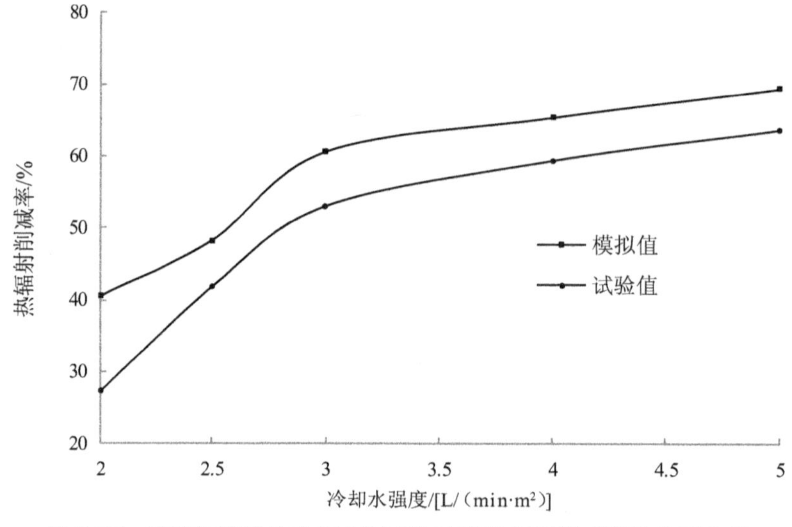

图 6.27　试验和模拟的冷却水强度与油罐热辐射削减率的关系曲线

由图 6.27 可知，热辐射削减率随冷却水强度变化的模拟值和试验值趋势一致，模拟值高于试验值。分析原因，模拟的水喷淋冷却是理想状态，试验中会有部分水流损失，因此试验冷却效率低于模拟值。

6.7　本章小结

（1）设计和建立了油罐燃烧和冷却试验装置，对油罐冷却系统、数据采集系统以及探测点的布置做了详细介绍，提出了油罐燃烧和冷却试验方法，对试验内容和试验步骤做了具体介绍。

（2）火灾环境下，邻近罐上的温度值和热辐射值从罐顶到罐底呈下降趋势，与模拟计算的分布规律一致，冷却水强度越大，对邻近罐热辐射的削减率越大。试验中五种冷却水强度对邻近罐热辐射削减率分别为 26.8%、42.6%、53.9%、59.4% 和 63.7%，热辐射削减率试验值低于模拟值，冷却水强度与热辐射削减率的关系曲线与模拟趋势一致。

（3）当 L/D=0.6 时，在五种冷却水强度作用下，油罐最大热辐射值均满足临界热辐射值要求，但冷却水强度为 2 L/（min • m^2）时，在直径 0.4 m 和 1.0 m 油盘火焰作用下的油罐罐壁温度超过 120 ℃临界温度值，冷却水强度 2 L/（min • m^2）不能满足试验油罐的冷却要求，2.5 L/（min•m^2）满足冷却要求。

参考文献

[1] 宋汉成，杨光辉，刘峰，等．大型油罐火灾爆炸危害性研究 [J]. 石油化工安全环保技术，2007（1）：15-17.

[2] 中国石化总公司，建设部，公安部联合考察组．日本、美国、泰国防火规范考察报告 [J]. 工程建设标准化，1998，4（7）：39-45.

[3] 韩钧．大型浮顶油罐防火间距的可行性论证 [J]. 油气储运，2002，21（10）：37-40.

[4] MAY H Q，MCQUEEN H. Radiation from large liquefied natural fires[J]. Combustion sci ence and technology，1993，7（3）：51-66

[5] 王晓媛．“多米诺”效应风险评价技术应用研究 [D]. 青岛：中国石油大学（华东），2009：23-26.

[6] 姚运涛，杜扬．油罐火灾模式及火行为的研究 [J]. 天然气与石油，2000，18（3）：20-21，31.

[7] 王备战．试论几种类型油罐火灾的灭火方法及注意事项 [J]. 消防技术与产品信息，2005，11（5）：24-25.

[8] 《火灾爆炸事故实例选编》编写组．火灾爆炸事故实例选编 [M]. 北京：群众出版社，1986：87-90.

[9] 邢志祥，常建国，蒋军成．池火灾最小安全距离的确定 [J]. 消防技术与产品信息，2005，9（7）：22-26.

[10] 迟立发．油罐火灾的辐射热及其预测 [J]. 消防科学与技术，1983，2（2）：10-16.

[11] 赵琨，孙焰．油罐灭火 [J]. 消防技术与产品信息，2007，6（12）：79-81.

[12] YU D M，FENG C G，ZENG Q X，et al. Pool fires in open air and their hazard analysis[J]. Journal of combustion science and technology，1996，2（2）：95-103.

[13] 蔡胜修．热辐射分析在油品储罐防火安全中的应用 [J]. 石油化工安全技术，2002，18（4）：17-19.

[14] 中国计划出版社．消防技术标准规范汇编 [M]. 北京：中国计划出版社，2007：31-33.

[15] 樊宝德，朱焕勤，许军．油库安全技术手册 [M]. 北京：中国石化出版社，2006：1-8.

[16] 中华人民共和国住房和城乡建设部．石油库设计规范：GB 50074—2014[S]. 北京：中国计划出版社，2015：67-68.

[17] 杨君涛，魏东，张学魁，等．着火油罐燃烧特性的理论分析 [J]. 工程热物理学报，2006，27（1）：151-154.

[18] 中华人民共和国住房和城乡建设部．石油化工企业设计防火标准（2018 年版）：GB 50160—2008[S]. 北京：中国计划出版社，2009：5-8.

[19] 张连城 . 关于储油罐冷却水供水强度的探讨 [J]. 消防科学与技术，1990，25（7）：167-171.

[20] HAMINS A，FISCHER S J，KASHIWAGI T， et al. Heat feedback to the fuel surface in pool fire[J]. Combustion science and technology，1994，97（3）：37-62.

[21] WHITE G，TINKER S，MARZO M D. Modelling of dropwise evaporative cooling on a semi-infinite solid subjected to radiant heat input[C]. Fire Safety Science-Proceedings of the Fourth International Symposium，1994：217-228.

[22] LEDERER M A，MARZO M D，TARTARINI G F. Flooding criterion for evaporative cooling on horizontal semi-infinite solids[C]. National Heat Transfer Conference，1996：213-217.

[23] CHEN H J，LIN M H，CHAO F Y. Thermal response model and thermal risk analysis for LPG storage [J]. Journal of the Chinese institute of chemical engineers，1998，29（1）：45-52.

[24] GRISSOM W M，WIERUM F A. Liquid spray cooling of heated surfaces [J]. international journal of heat and mass transfer，1981，24（6）：261-271.

[25] NITESH J，GUPTA J P.Water requirement in tank farm fire[J]. Journal of petroleum science and engineering，2007，55（1-2）：167-173.

[26] MARCO F，FRANCESCO D. A model for radiation evaluation and cooling system design in case of fire in tank farms [J]. Fire safety journal，2008，43（1）：42-49.

[27] 王贺明 . 油罐火灾中邻近油罐用水冷却效果及其技战法研究 [D]. 廊坊：中国人民武装警察部队学院，2013：29-31.

[28] 甄浩艺 . 油罐火灾条件下罐壁冷却效果的研究 [D]. 廊坊：中国人民武装警察部队学院，2012：30-33.

[29] ROBERTS T A. Directed deluge system designs and determination of the effectiveness of the corrently recommended minimum deluge rate for the protection of LPG tanks[J]. Journal of loss prevention in the process industries，2004，17（2）：103-109.

[30] 李建华，黄郑华 . 油罐火灾沸溢喷溅的控制措施 [J]. 油气储运，2006，25（12）：46-48.

[31] 象明 . 冷却对油罐火灾燃烧特性的影响研究 [D]. 天津：天津商业大学，2011：18-20.

[32] 杨素芳 . 冷却条件下油罐罐壁的温度变化规律研究 [D]. 廊坊：中国人民武装警察部队学院，2009：21-25.

[33] CHOW W K，FONG N K. Numerical simulation on cooling of the fire-induced air flow by sprinkler water sprays [J]. Fire safety journal，1991，17（4）：263-290.

[34] 葛秀坤 . 火灾环境中液化气储罐热响应行为的数值分析 [D]. 南京：南京工业大学，2004：102-106.

[35] SHEBEKO Y N，SMOLIN I M，KOROLCHENKO A Y， et al. Some aspects of fire and explosion hazards of large LPG storage vellels[J]. Journal of loss Prevention in the process

Industries，1995，8（3）：163-168.

[36] 谭科峰．基于 FDS 的水喷淋热辐射防护效用研究 [D]. 青岛：中国石油大学（华东），2011：26-29.

[37] 蔡如华，卢文全，丁宣浩．热辐射波长测温法的理论研究 [J]. 宇航计测技术，2003，23（4）：19-23.

[38] INCROPERA F P，DEWITT D P，BERGMAN T L，et al. 传热和传质基本原理 [M]. 葛新石，叶宏，译．北京：化学工业出版社，2007：134-141.

[39] 黄素逸，刘伟．高等工程传热学 [M]. 北京：中国电力出版社，2006：31-36.

[40] 杨世铭，陶文铨．传热学 [M]. 3 版．北京：高等教育出版社，1998：25-28.

[41] 魏东，薛岗，田亮，等．着火油罐燃烧过程预测的通用模型 [J]. 工程热物理学报，2005，7（2）：335-338.

[42] HOTTEL H C. Certain laws governing diffusive burning of liquids[J]. Fire research abstracts and reviews，1959，8（2）：41-44.

[43] CHANG J I，LIN C C. A study of storage tank accidents[J]. Journal of loss prevention in the process industries，2006，19（7）：51 -59.

[44] 勇俊宝，贾薇，罗永强．油罐区消防冷却水问题探讨 [J]. 给水排水，2001，27（11）：62-63.

[45] FRANCESCO D，MARCO F. Fire modelling and cooling of storage tanks in case of radiation from large pool fires[C]. Proceeding of the 16th IASTED International Conference，Cancun，Mexico，2005：446-451.

[46] 杨世铭，陶文铨．传热学 [M]. 4 版．北京：高等教育出版社，2006：43-45.

[47] FAY J A. Model of large pool fires[J]. Journal of hazardous materials，2006，36（2）：219-232.

[48] 魏东，杨君涛，董希琳．着火油罐稳定燃烧时的辐射热分布 [J]. 热科学与技术，2005，4（3）：241-245.

[49] 朱建华，褚家成．池火特性参数计算及其热辐射危害评价 [J]. 中国安全科学学报，2003，13（6）：25-28.

[50] 杨世铭．传热学 [M]. 北京：高等教育出版社，1980：156-159.

[51] 李志勇．我国储油罐区固定式消防设施方案的优化研究 [D]. 武汉：中国地质大学，2001：23-30.

[52] CHANG C H，HUANG H C. A water requirements estimation model for fire suppression[J]. Fire technology，2005，41（9）：5-24.

[53] BABRAUSKAS V，GRAYSON S J. Heat release in fires[M]. New York：Elsevier Science Publishing Co，1992：1-12.

[54] THOMAS P H. The size of flames from natural fires[J]. Symposium（International）on combustion，1963，9（1）：844-859.

[55] 李耀庄，杨志，姜学鹏 . 驳船池火灾的危险性分析 [J]. 灾害学，2007，22（4）：25-29.
[56] 傅智敏 . 油罐火灾热平衡及辐射热估算 [J]. 消防科学与技术，2001，20（3）：11-13.
[57] IWATA Y，KOSEKI H，JANSSENS M L，et al. Combustion characteristics of crude oils[J]. Fire and materials，2001，9（25）：1-7.
[58] 王致新 . 论油罐火灾 [J]. 消防科学与技术，1983，6（2）：1-9.
[59] 王如君 . 泄漏油火对邻近罐的危害特性研究 [J]. 中国安全生产科学技术，2006，2（4）：51-55.
[60] 杨军涛 . 油罐火灾的数值模拟与试验研究 [D]. 天津：天津大学，2005：33-36.
[61] 车威 . LPG 储罐在火灾环境中热响应的数值模拟 [D]. 大连：大连理工大学，2009：67-72.
[62] HOSTIKKA S，MCGRATTAN K. Numerical modeling of radiative heat transfer in water sprays[J]. Fire safety journal 2006，41（1）：76-86.
[63] DANCER D，SALLET D W. Pressure and temperature response of liquefied gases in containers and pressure vessels which are subjected to accidental heat input[J]. Journal of hazardous materials，1990，25（1-2）：3-18.
[64] RAMSKILL P K. A description of the ENGULF computer codes to model the thermal response of LPG tank either fully or partially engulfed by fire[J]. Journal of hazardous materials，1988，12（6）：177-196.
[65] SOUSA A，WENTZELL P R，VENART J E S. Thermal modelling of LPG tanks engulfed in flames[J]. Heat technology，1985，7（2）：31-34.
[66] 刘国 . 大型石油化工储罐火灾处置措施 [J]. 现代职业安全，2014，8（4）：56-61.
[67] 傅智敏，黄金印 . 大型地上立式油罐区火灾爆炸危险与灭火救援 [J]. 灭火指挥与救援，2012，31（7）：746-749.
[68] EDITORAL. Board for handbook of chemical equipment design[M]. Shanghai：Shanghai Science and Technology Press，1986：34-38.
[69] 易贤仁 . 火灾情况下钢结构性能分析 [J]. 武汉科技大学学报，2005，27（1）：54-57.
[70] BURGESS D S，STRASSER A，GRUMER J. Diffusive burning of liquid fuels in open trays[J]. Fire research abstracts reviews，1961，3（4）：167-177.
[71] 姚仲鹏，王瑞君，张习军 . 传热学 [M]. 北京：北京理工大学出版社，1995：157-159.
[72] 张村峰，霍然，李元洲 . 水喷淋对热烟气冷却效应的模拟计算 [J]. 安全与环境学报，2006，11（4）：99-103.
[73] 唐有祺 . 相平衡 . 化学平衡和热力学 [M]. 北京：科学出版社，1984：224-231.
[74] 米静 . 油罐热应力失效机理研究 [D]. 西安：西安石油大学，2014：56-69.
[75] 宋文华，李庆功，冯莉莉，等 . 火灾环境下大型浮顶罐内原油热响应行为的仿真模拟 [J]. 南开大学学报（自然科学版），2012，45（1）：90-93.
[76] ATALLAH S，ALLAN D S. Safe separation distances from liquid fuel fires[J]. Fire tech-

nology，1971，7（11）：47-56.

[77] CROCKER W P，NAPIER D H. Assessment of mathematical models for fire and explosion hazards of liquefied petroleum gases[J]. Journal of hazardous materials，2010，4（4）：78-87.

[78] 游宇航，李元洲，霍然，等 . 水喷淋控制下小室火灾的数值模拟研究 [J]. 消防科学与技术，2006，6（7）：34-39.

[79] 丁国臣，刘伟 . 储罐区消防冷却喷淋装置设计探讨 [J]. 工业用水与废水，1999，30（3）：42-44.

[80] KREITH F. Radiation heat transfer[M]. Scranton：International Textbook，1962：164-167.

[81] 巩建鸣，涂善东，牛蕴 . 火灾环境下液化气球罐瞬态力学响应的有限元分析与安全评价 [J]. 压力容器，2003，5（4）：6-9.

[82] 张朝晖 . ANSYS 工程应用范例入门与提高 [M]. 北京：清华大学出版社，2004：78-83.

[83] 张朝晖 . ANSYS12.0 热分析工程应用 [M]. 北京：中国铁道出版社，2010：47-52.

[84] 牛蕴 . 火灾环境中液化石油气储罐的热和力学响应的研究 [D]. 南京：南京工业大学，2001：87-93.

[85] SENHOLZI P B. Oil analysis[M]. Scranton：Naval Air Systems Command，1982：5-14.

[86] 单彦广 . 喷射火焰环境下液化气容器热响应的数值分析 [D]. 北京：北京科技大学，1999：55-59.

[87] 叶先磊，史亚杰 . ANSYS 工程分析软件应用实例 [M]. 北京：清华大学出版社，2003：77-79.

[88] 易日 . 使用 ANSYS 6.0 进行静力学分析 [M]. 北京：北京大学出版社，2002：58-64.

[89] 杨道明，朱勋，李紫桐 . 金属力学性能与失效分析 [M]. 北京：冶金工业出版社，1991：67-72.

[90] 仇文生 . 失效分析在工程实践中的应用 [D]. 浙江：浙江工业大学，2006:34-38.

[91] 陈铁云，沈惠申 . 结构的屈曲 [M]. 上海：上海科学技术文献出版社，1993：47-52.

[92] 贾乃文 . 塑性力学 [M]. 重庆：重庆大学出版社，1992：56-77.

[93] 王庆五，左昉，胡仁喜 . ANSYS 10.0 机械设计高级应用实例 [M]. 北京：机械工业出版社，2006：44-48.

[94] 陈君才 . 金属构件的失效分析 [M]. 成都：成都科技大学出版社，1987：65-72.